RAUM UND ZAHL

RAUM UND ZAHL

VON

KURT REIDEMEISTER

MIT 31 FIGUREN

SPRINGER-VERLAG
BERLIN · GÖTTINGEN · HEIDELBERG
1957

ISBN-13: 978-3-540-02209-1 e-ISBN-13: 978-3-642-88040-7
DOI: 10.1007/978-3-642-88040-7

VORWORT

Ein gutes Verfahren, reine Mathematik kennenzulernen, ist — ein mathematisches Buch in die Hand zu nehmen und zu lesen. Es ist möglich, auf diese Weise in mathematisches Denken zu kommen ohne Reflexion über dies Denken. Aber da die Mathematik auch anwendbar ist, führen viele Wege von vorweisbaren Sachverhalten her zur Mathematik, und auf solchen Wegen sich der Mathematik anzunähern, mag um so wertvoller sein, als man dabei nach Mathematischem zu fragen lernt und fertige Theorien dann vielleicht besser würdigen kann. Bei einer solchen Annäherung stellen sich aber immer Gedanken über das Denken selber ein und diese Gedanken haben ihre eigenen Gefahren. Sofern sie nur eine Annäherung vorbereiten, die dann in medias res führt und die Mathematik so wie sie ist und sein soll zu Worte kommen läßt, ist alles gut. Aber Anleitungen machen um der Verständlichkeit willen gern in einem Vorstadium halt, das sich womöglich noch als lebendig und dem reinen mathematischen Denken als überlegen anempfiehlt. Aus diesem Vorbezirk nährt die Legende, das mathematische Denken der Neuzeit sei wesentlich von dem der Antike verschieden, ihre Lebenskraft. Für Nichtmathematiker, insbesondere solche mit philosophischen Neigungen, scheint diese Legende eine unwiderstehliche Glaubwürdigkeit zu besitzen. Sie hängt mit der Meinung zusammen, daß die neuere Mathematik die Anschauung als Quelle mathematischer Erkenntnis vernachlässige.

Die Einführung in das mathematische Denken, die hier vorgelegt wird, macht es sich demgegenüber zur Aufgabe, das mathematische Denken *und* die Gedanken über das Denken ständig wechselweise zu erhellen, und die Beziehung von Anschauung und Denken kommt dabei immer wieder zur Sprache. Die Auffassung, die ich verfechte, sollte verständlich sein. Zu meiner Überraschung konnte ich nämlich feststellen, daß sich PESTALOZZI in seinen Praktischen Elementarübungen zur Form- und Größenlehre von derselben Auffassung leiten läßt. Dieser Elementarunterricht beginnt, indem der Lehrer dem Schüler aufträgt, „er möchte auf seiner Schiefertafel eine gerade Linie zeichnen", aber er führt alsbald zu Aufgaben, die von der Anschauung her das echte *kombinierende* und *analysierende* Denken in Tätigkeit setzen (PESTALOZZIS *Sämtliche Schriften*, 1826, 15. Band). Das natürliche Zusammenspiel von Anschauung und

Denken, das bei PESTALOZZI im Bezirk des Elementaren so überzeugend wirkt, suche ich in komplizierteren Gebieten der Mathematik aufzuzeigen.

Die mathematischen Gegenstände, die behandelt werden, liegen immer in der Nähe der Euklidischen Ebene. Das Schwergewicht liegt in der Schilderung von Gesichtspunkten und Methoden: die Erörterung führt von der ursprünglichen Konzeption des Raumes aus über die analytische Geometrie, die kombinatorische Topologie und die Axiomatik bis zur Zahlentheorie. Viele Beweise sind durchgeführt, und die eigenartige Deutlichkeit, mit der die Struktur der Beweiszusammenhänge (wie mir scheint) dabei hervortritt, rechtfertigt vielleicht eine solche Darstellung ab ovo auch für den reinen Mathematiker. Der letzte Abschnitt stellt den Gesichtspunkt der Erkenntnistheorie in den Vordergrund. Es wird ein Standort kritischen Philosophierens begründet, von dem sich unsere Betrachtungsweise erkenntnistheoretisch rechtfertigen läßt.

Wie angedeutet, setze ich einige Kenntnis der Euklidischen Ebene, des rechtwinkligen Koordinatensystems und der Geraden und Kreise sowie das Buchstabenrechnen und das Rechnen mit Polynomen (letzteres nur in Abschnitt IX) voraus. Die Abschnitte I, V, VIII, X erfordern keine mathematischen Vorkenntnisse. Abschnitt IV ist eine Ergänzung zu Abschnitt III und VI und kann ohne Gefährdung des Zusammenhangs überschlagen werden.

Göttingen, im April 1957 KURT REIDEMEISTER

INHALTSVERZEICHNIS

I.

VOM URSPRUNG DES GEOMETRISCHEN DENKENS

Das Denken reflektiert sich ständig in Gedanken über das Denken selbst und man wird sich den Zugang zu mathematischem Denken nur erschließen können, wenn man die üblichen Gedanken über die Mathematik einer kritischen Prüfung im allgemeinen zu unterwerfen und sie zu klären bereit ist. Im Hinblick auf die einfachsten mathematischen Gegenstände, die ganzen Zahlen, ist diese Aufgabe nicht allzu schwierig, denn die Verwendung der Zahlen in der Praxis beruht auf derselben Fähigkeit, auf welcher der ursprüngliche reine Umgang mit Zahlen sich gründet, nämlich dem *Zählen*.

Das Zählen lernen wir zwar, indem wir zugleich die Zahlworte und die Zahlzeichen lernen, die für die praktische Verwendung der Zahlen ebenso unentbehrlich sind, wie das Zählen selbst, und bei Addition und Multiplikation hält man sich an Regeln, die sich auf die Bezeichnung der Zahlen durch *Ziffern* beziehen. Dadurch kommt ein dogmatischer Zug in unsere Beziehung zu den Zahlen. Aber die natürliche Ordnung der Zahlen meldet sich auch in ihrer dogmatischen Außenseite an.

Die Zusammensetzung der Namen läuft ja nicht ganz parallel zu der Zusammensetzung der Zahlzeichen; wir sagen elf und zwölf, obgleich diese Zahlen doch keine Ziffern sind, und wir sagen einundzwanzig für 21 und einhundertundzwanzig für 120 und sprechen also einmal die linksstehende und einmal die rechtsstehende Ziffer zuerst bei der wörtlichen Benennung aus. Das weist uns auf Elemente der Willkür und damit auf die Möglichkeit hin, die Nummern und die Zahlworte aus der Zahlenreihe herauszulösen und für sich selbst als Zeichen oder Namen zu betrachten. Als Telefonnummern benutzen wir Nummern z. B., ohne uns um die Stellung der dadurch bestimmten Zahl in der Zahlenreihe Rechenschaft zu geben. Wir lesen in dieser Verwendung ja sogar die Nummern in anderer Weise ab. Dann können wir uns aber auch fragen, wieso Nummern zur Bezeichnung der natürlichen Zahlen geeignet sind.

So löst sich der Gedanke der *Zahlenreihe* aus der Bezeichnung der Zahlen heraus. Durch Zählen erkenne ich, wie die Zahlen in der Zahlenreihe aufeinander folgen, und ich kann mir daher nun Rechenschaft davon geben, welchen Regeln entsprechend die Nummern angeordnet sind und wie sie anders und doch zweckentsprechend angeordnet werden könnten. Man könnte z. B. die Einer ebensogut nach links stellen und dreizehn als 31, dreiundzwanzig als 32 schreiben und so fort; denn worauf es ankommt, ist genau dies, daß ich zu jeder Nummer die nächstfolgende Nummer angeben und zu jeder Nummer, die von Null verschieden ist, die vorangehende finden kann. Von hier aus ist es dann nicht weit zu der Entdeckung der Willkür, die in der Auszeichnung der Zehn im dekadischen System liegt. Wir können statt der Zehn jede andere Zahl außer Eins als Grundzahl nehmen, zu dieser Grundzahl g die Zahlen 0, 1, ..., $g-1$ als Ziffern einführen und Nummern $\mathfrak{z}_n \mathfrak{z}_{n-1} \cdots \mathfrak{z}_1$ aus diesen Ziffern bilden und ihre Anordnung analog wie bei den gewöhnlichen Nummern erklären. Ist $g = 2$, so sind die Ziffern 0 und 1, der Zwei entspricht die Nummer 10, der Drei die 11, der Vier die 100. Ist $\mathfrak{z}_n \mathfrak{z}_{n-1} \cdots \mathfrak{z}_k \mathfrak{z}_{k-1} \cdots \mathfrak{z}_1$ eine dyadische Nummer, in der

$$\mathfrak{z}_k = 0, \quad \mathfrak{z}_{k-1} = \mathfrak{z}_{k-2} = \dots = \mathfrak{z}_1 = 1$$

ist, so ist für die nächstfolgende Nummer $\mathfrak{z}'_n \mathfrak{z}'_{n-1} \cdots \mathfrak{z}'_k \mathfrak{z}'_{k-1} \cdots \mathfrak{z}'_1$ je

$$\mathfrak{z}'_n = \mathfrak{z}_n, \quad \mathfrak{z}'_{n-1} = \mathfrak{z}_{n-1}, \dots, \mathfrak{z}'_{k+1} = \mathfrak{z}_{k+1}, \quad \mathfrak{z}'_k = 1,$$
$$\mathfrak{z}'_{k-1} = \mathfrak{z}'_{k-2} = \cdots = \mathfrak{z}'_1 = 0.$$

Sind alle $\mathfrak{z}_k = 1$, so hat die nächstfolgende Nummer $n + 1$ Ziffern und es ist

$$\mathfrak{z}'_{n+1} = 1, \quad \mathfrak{z}'_n = \mathfrak{z}'_{n-1} = \cdots = \mathfrak{z}'_1 = 0.$$

Es gibt also zahlreiche Möglichkeiten, die Zahlen zu bezeichnen, und die gewohnten Bezeichnungen dürfen nicht den Zahlen selbst gleichgesetzt werden. Aber was sind die Zahlen selbst? Die Auflösung der dogmatischen, durch die dekadische Bezeichnung gestifteten Beziehungen zu den einzelnen Zahlen stört nicht den Akt des Zählens, und das reine Zählen stellt sich als das sukzessive Durchlaufen einer Reihe von Stellen heraus, das an der *ersten Stelle* beginnt und von jeder Stelle zu der *eindeutig bestimmten nächstfolgenden* fortschreitet. Das ist es, was wir im Akt des Zählens tun und nun als wesentlich begreifen. *Die Zahlen sind* also *die Stellen in einer geordneten Reihe, die wir zählend durchlaufen.*

Die Aufdeckung des Zählens als einer ursprünglichen freien Leistung des strengen *setzenden* Denkens ist gewiß nur der Anfang der Besinnung auf die Zahlen. Es wäre nunmehr das Rechnen mit Zahlen aus dem Zählen zu begründen. Aber wir übergehen diese rein mathematische Aufgabe und wenden uns der praktischen Verwendung der natürlichen

Zahlen zu. Der Zweck ihrer Verwendung ist im allgemeinen die Beantwortung einer Frage nach dem Wieviel oder der Bestimmung einer Anzahl, und die einfachsten Fragen dieser Art knüpfen an Vorgewiesenes an, dessen Anzahl bestimmt werden soll, wie die Anzahl der Äpfel in einer Schale. Wir bestimmen diese Anzahl durch Zählen, d. h. dadurch, daß wir die Äpfel in Gedanken numerieren, indem wir mit 1 beginnend mit Hilfe der Zahlworte die Zahlenreihe durchlaufen und den Äpfeln sukzessive je eine Zahl zuordnen, bis alle Äpfel durchnumeriert sind.

Im Interesse der Praxis mag die Analyse einer so geläufigen Leistung als überflüssig erscheinen und wenn wir uns weiter in diesen Vorgang vertiefen wollen, so können wir uns dabei nicht auf die Praxis allein berufen und müssen Begriffe einführen, die nicht üblich sind. Aber das Merkwürdige ist, daß diese begriffliche Analyse die praktische Haltung im ganzen nur bestätigt und im praktischen Zählen alle die Vorbehalte angelegt findet, welche das praktische Zählen ermöglichen und das Zählen als ursprünglichen Akt des Denkens vom Faktischen trennen und so das Verständnis für die Möglichkeit, über gezählte Dinge Aussagen a priori zu machen, vorbereiten. Wir wissen, daß die Regentropfen auf einer Fensterscheibe nur solange eine bestimmte Anzahl besitzen, als nicht Tropfen zusammenfließen, und eine Menge von Hölzern nur solange, als die Hölzer nicht zerbrochen werden, und die Sätze auf einer Schreibtafel nur, sofern die Aussage über die Anzahl dieser Sätze z. B. nicht selbst als Satz auf diese Tafel geschrieben wird[1]. Wir wissen also, daß beim angewendeten Zählen zweierlei vorauszusetzen ist: die Bestimmtheit der Dinge als Einzeldinge und eine wohlumrissene Gesamtheit solcher Dinge. Eine so vorbereitete Gesamtheit nennt man in der Mathematik eine *Menge von Elementen*. Was die Analyse zutage bringt, ist ein allgemeiner *Begriff*, bei dem von der Herkunft der Einheit der Einzeldinge und der Herkunft ihrer Zusammenfassung zu einer Gesamtheit abgesehen oder abstrahiert wird und gerade nur diejenigen formalen Eigenschaften angesetzt werden, die das Abzählen im bekannten Sinn ermöglichen. So lernen wir die *Anzahl als eine Eigenschaft einer Menge von Elementen* begreifen und gewinnen den Blick in ein Gebiet, das trotz seiner Nähe zu den Dingen einer *reinen* Besinnung zugänglich ist. Diese Besinnung ist letztlich nur eine Verdeutlichung. Ein Bärenpfleger hatte die Beob-

[1] Elefanten, die zählen können, erlauben sich traditionellerweise den Scherz, als Anzahl einer Menge von drei Hölzern „vier“ anzugeben und freundlich zurechtgewiesen eines dieser Hölzer zu zerbrechen. Zu den Sätzen auf einer Tafel vergleiche die Ausführungen zum Russellschen Paradoxon auf Seite 106.

achtung gemacht, daß Bären im allgemeinen 3 Junge werfen und daß, falls in einem Wurf beide Geschlechter vertreten sind, stets entweder ein weibliches und zwei männliche oder zwei weibliche und ein männliches Junges dabei vorgefunden werden. Wenn der Bericht dieser durch Jahrzehnte gemachten Erfahrung komisch ist, so deswegen, weil einiges davon evident ist auch für denjenigen, der wenig Erfahrung mit Bären hat, und die kritische Besinnung rechtfertigt diese Evidenz, indem sie die Lehre von den Zahlen und Anzahlen auf dieselben einfachen Akte der Zuordnung, welche beim Abzählen von Dingen ausgeübt werden, zurückführt und so die *Anwendung der Zahlenlehre auf Dinge*, sofern sie abzählbar sind, a priori begründet und *als Lehre a priori* über abgezählte und abzuzählende Dinge verständlich und einsichtig macht.

* * *

Leichter als Zählen fällt uns die Orientierung im Raum und die Auffassung der räumlichen Eigenschaften der Dinge im Raum. Es ist umstritten, ob Tiere zählen können, nicht ihre Fähigkeit, räumliche Verhältnisse aufzufassen und sich zu merken. So findet auch beim Menschen die Schlichtung der Sinneseindrücke zu der Wahrnehmung von Dingen im Raum von Natur aus statt und sie hat sich ohne Lenkung durch Begriffe vollzogen, wenn wir Geometrie erlernen und uns gewöhnen, die Raumvorstellung in den Dienst der Aneignung dieser Lehre zu stellen. Deswegen gerät aber auch unser ursprüngliches Verhältnis zum Raum nun so leicht in Vergessenheit. Wir lernen nun Geometrie als *die* Lehre vom Raum und eignen uns geometrische Lehrsätze an, indem wir sie mit Vorstellungen verknüpfen, die wir als Inhalt dieser Lehrsätze interpretieren. Die Lehrsätze scheinen uns wahr zu sein, sofern sie das Vorgestellte richtig beschreiben — so wie Wahrnehmungsurteile richtig sind, sofern sie das Wahrgenommene richtig beschreiben. Und da wir außerdem bei der Vorstellung nicht auf Wahrnehmbares angewiesen sind, so ergänzen wir unsere Fähigkeiten durch die Annahme einer Raumanschauung, zu deren inneren Betätigung wir angeleitet werden können und durch die Lehren der Geometrie angeleitet werden und die uns dann den Inhalt der geometrischen Sätze unmittelbar anzueignen gestattet. Diese Annahme wird durch die alltägliche Erprobung an den räumlichen Eigenschaften der Dinge nicht widerlegt und so gewinnt die Meinung, daß wir uns in einem Raum befinden, der den Lehrsätzen der Euklidischen Geometrie genügt, eine bequeme Evidenz, die wir uns ungern bestreiten lassen.

Daß sich bei der Beschäftigung mit der Geometrie die Raumvorstellung von der in die sinnliche Gegenwart gebundenen Wahrnehmung löst und als eine neue synthetische Leistung hervortritt, mit deren Hilfe wir Gedankenexperimente anstellen und so allgemeine Eigenschaften des Raumes vorstellbar machen können, ist gewiß richtig. Und gewiß ist das, was uns dabei aufgeht, nicht leer: daß jedes wirkliche Ding eine Gestalt hat, daß verschiedene Dinge dieselbe Gestalt haben können, auch wenn sie aus verschiedenem Stoff bestehen, daß sich Dinge im Raum bewegen können, ohne ihre Gestalt zu ändern, daß man den Platz, den ein Ding im Raum einnimmt, von dem Ding unterscheiden und ihm dieselbe Gestalt zuschreiben kann wie dem Ding, daß die Gestalten der Dinge also zum Raume selbst gehören und deswegen durch die Gestalten im Raum die möglichen Gestalten der Dinge bestimmt sind und daß der Raum überall gleichartig ist, weil er überall dieselben Gestalten zuläßt, — das ist eine eindrucksvolle Erweiterung unserer Auseinandersetzung mit dem Gegebenen. Denn es geht uns dabei eine Gesetzlichkeit auf, die das je Gegebene bestimmt und mit der wir, aus dem Gegebenen uns lösend, uns unmittelbar in Vorstellung und Gedanken befassen können. Doch wie einleuchtend auch der Übergang von nur gesehenen und getasteten Dingen zum Raume selbst ist — eine unmittelbare Erkenntnis des Raums gewinnen wir durch diese Konzeption des Raumes nicht und ein echtes Verhältnis auch zur Vorstellung des Raumes können wir nur gewinnen, wenn wir die *Konzeption des Raumes* nicht mit der *Erkenntnis des Raumes* gleichsetzen und uns dadurch die Möglichkeit versperren, über die Entfaltung der Geometrie aus der Konzeption des Raumes nachzudenken. Was die mit der Konzeption verbundene Raumvorstellung vermittelt, ist eine *Frage*, nämlich die Frage nach den Konsequenzen, die sich aus der Beweglichkeit der Dinge im Raum ergeben. Sie richtet sich an das Denken und macht den Anteil des Denkens an der Entfaltung der Geometrie schon im wohlverstandenen Ansatz verständlich. Die Umdeutung der Vorstellung des Raumes in eine reine, Erkenntnis fundierende Anschauung unterbricht dagegen die echte Beziehung zum Raum, indem sie die Dinge als Brücken zum Raum eliminiert und an Stelle einer echten Frage eine dogmatische Antwort setzt, die das Denken als überflüssig erscheinen läßt.

Als Dinge, die uns am bequemsten zur Kenntnis der ebenen Geometrie verhelfen, haben sich die elementaren Instrumente, das *Lineal*, das Rechtwinkelmaß, das Eichmaß, der *Zirkel* herausgestellt. Wir können das Ergebnis der iterierten Bewegungen dieser Instrumente durch Nachzeichnen der Wahrnehmung zugänglich machen und erhalten so die bekannten Figuren auf Papier oder Tafel, welche zur Illustration der geometrischen Lehrsätze dienen. Hier wird dann die reine Anschauung in Funktion gesetzt, welche durch das Wahrnehmbare hindurch die reinen mathematischen Sachverhalte in ihrer Vollkommenheit und Allgemeingültigkeit erschauen soll. Statt dessen richten wir den Blick auf die Figuren, um an ihnen die *Konstruktionsschritte*, durch die sie entstanden sind, zu vergegenwärtigen, und bemerken dabei alsbald, daß sich manchmal dieselbe Figur auf verschiedene Weise konstruieren läßt. Eine solche Figur aber weist auf ein *Gesetz* hin, *dem die Konstruktionsschritte genügen*, und eine Figur, die für die Anschauung nur eine Gestalt unter Gestalten ist, die es zu erfassen und zu beschreiben gilt, wird nun der *Anlaß zur Konstruktion eines streng gefügten Begriffsgebildes*, das einem strengen Gesetz genügt und an dessen eigenartiger logischer Form dem Denken die eigenen neuen Möglichkeiten der Begriffs- und Theorienbildung aufgehen, die sich zuerst in der Theorie der Euklidischen Geometrie bewährten und sich dann allmählich aus dem geometrischen Interesse lösten und zu reinen und freien begrifflichen Konstruktionen abklärten.

Auf die formale Eigenart dieser Theorien kommen wir gleich zurück. Was uns näher berührt, ist die Aussicht auf Erkenntnis, die wir von dem dargelegten Ursprung geometrischen Denkens aus erreichen können. Da wir als Anlaß der Begriffsbildung Figuren genommen haben, die wahrnehmbar sind, so reichen diese Figuren (wie wir wissen) nicht hin, um die Euklidische Geometrie als reine Erkenntnis zu begründen. Aber was die Geometrie leistet, ist umgekehrt auch gar nicht eine Erkenntnis in dem von der Anschauung her intendierten Sinn. Es ist nur Denken, das durch die Struktur der konstruierten Figur aufgeweckt wird, reines Denken, das von der Wahrnehmung sich löst und selbständig fortschreitend exakte Begriffe durchdenkt (z. B. die Begriffe, aus denen die Aussagen der Euklidischen Geometrie zusammengesetzt sind), aber ohne dabei eine direkte Beziehung zu Sachverhalten aufzunehmen, welche die logisch gefolgerten Aussagen als Erkenntnisse auswiesen. Es steht also um den Erkenntnischarakter der Geometrie ganz anders als um den der Arithmetik. *Während die Operation des Zählens sich in eindeutiger Bestimmtheit darbietet und die Gesetze für Zahlen sich als Gesetze a priori für abgezählte Dinge erkennen lassen, sind die Konstruktionen mit Zirkel und Lineal nicht a priori eindeutig bestimmt* und die Möglichkeit ihrer strengen Bestimmbarkeit ergibt sich erst durch die logische Konstruktion einer Theorie. Und diese Konstruktion ist nicht eindeutig aus Gegebenem ablesbar und hat darum nicht den Charakter einer Erkenntnis von Sachverhalten. Wie sollte das auch zu erwarten sein! Wissen wir doch, daß es nicht nur die Euklidische, sondern auch die Nichteuklidischen Geometrien gibt und daß bei der Deutung des Gegebenen der Raum der Wahrnehmungsdinge und der physikalisch wirklichen Dinge nicht miteinander identifiziert werden können.

* * *

Wir wenden uns nun der Übersetzung von Figuren in Aussagen über Konstruktionsschritte und den so entspringenden Aussagen selbst und ihrer Verwendung zur Bildung geometrischer Theorien zu. Die Übersetzung ist am einfachsten bei Figuren, die sich allein mit Hilfe des Lineals oder genauer mit Hilfe des Lineals zur Verbindung von zwei Punkten oder zur Bestimmung eines Punktes als Schnittpunkt von zwei Geraden konstruieren lassen. In Rücksicht auf die anschauliche Übersichtlichkeit der Figuren ist es jedoch zweckmäßig, außerdem noch ein Parallelenlineal als Instrument hinzuzunehmen, d. h. ein Instrument, mit dessen Hilfe sich durch einen gegebenen Punkt zu einer gegebenen Geraden die Parallele ziehen läßt.

Als Beispiel einer so konstruierbaren Figur diene die Figur 1 des sog. kleinen Satzes von DESARGUES. Sie besteht aus zwei Dreiecken ABC, A′ B′ C′, bei denen erstens die je entsprechenden Seiten parallel sind und bei denen zweitens die drei Verbindungsgeraden je zwei entsprechender Dreiecksecken untereinander parallel sind. Man kann diese Figur auch als Bild eines räumlichen dreieckigen Prismas auffassen. Wir ordnen nun der Figur Konstruktionsschritte zu, z. B. in folgender Weise: Die Ecken A, B, C, und die Ecke A′ seien gegeben. Wir zeichnen die vier Geraden AB, BC, AC, AA′. Dann konstruieren wir B′ als den Schnittpunkt der Parallelen zu AB durch A′ und der Parallelen zu AA′ durch B und analog C′ als Schnittpunkt der Parallelen zu AC durch A′ und der Parallelen zu AA′ durch C. Nun sind alle Punkte und alle Geraden der Figur konstruiert bis auf die eine Gerade B′ C′. Die Gerade B′ C′ können wir aber auf drei Weisen konstruieren; erstens nämlich als die Verbindungslinie der beiden Punkte B′, C′, zweitens als Parallele zu BC durch B′ und drittens als Parallele zu BC durch C′. Der kleine Satz von DESARGUES besteht in der Aussage, daß diese drei Schritte dasselbe liefern, oder genauer in der Aussage, daß, nachdem die geschilderte Konstruktion von

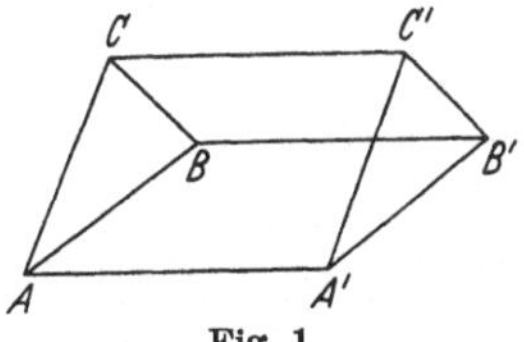

Fig. 1

B′ und C′ erfolgt ist, die Verbindungslinie von B′ und C′ zu BC parallel ist oder die Parallele zu BC durch B′ auch durch C′ hindurchgeht und die Parallele zu BC durch C′ auch durch B′ hindurchgeht.

Eine andere Figur dieser Gattung (Figur 2) erhält man, wenn man von einem Parallelogramm ABCD ausgehend zwei neue Punkte E und F konstruiert, indem man zunächst die beiden Diagonalen AC und BD zeichnet und dann die Parallele zu BD durch C mit der Geraden AB in E zum Schnitt bringt und die Parallele zu AC durch B mit der Geraden CD in F zum Schnitt bringt. Dann ist die Verbindungslinie von E und F zu AD und BC parallel.

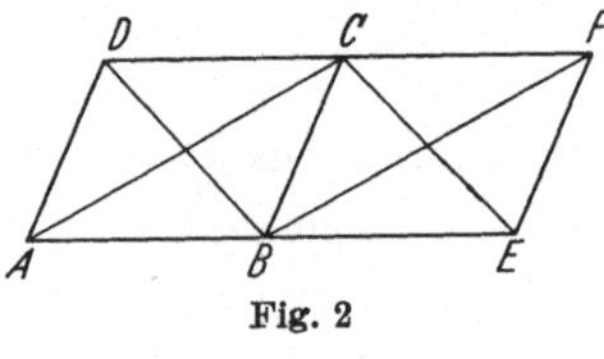

Fig. 2

Ein drittes Beispiel (Figur 3) bildet ein Sechseck ABCDEF, in welchem die gegenüberliegenden Seiten untereinander und zu einer Diagonale parallel sind und dessen drei Diagonalen sich in einem Punkte M treffen. Zwecks Verfolgung der Konstruktionsschritte gehen wir von einem Dreieck MAB aus und konstruieren C als Schnittpunkt der Parallelen zu AB durch M und der Parallelen zu AM durch B, dann D als Schnittpunkt von AM und der Parallelen zu MB durch C, dann E als Schnittpunkt von MB und der Parallelen zu AB durch D und schließlich F als Schnittpunkt von MC und der Parallelen zu BC durch E. Alsdann ist die Gerade AF wieder überbestimmt als die Verbindungslinie von A und F, die zugleich parallel zu EB und DC ist.

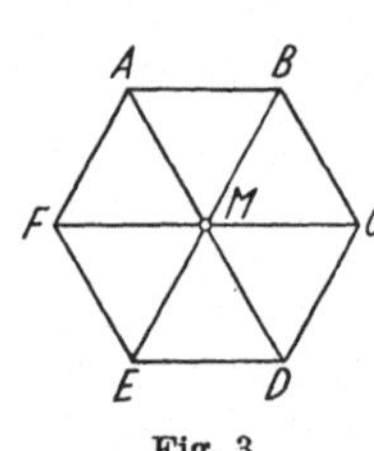

Fig. 3

Eine Eigenart dieser Sätze wird nun deutlich geworden sein: nach einer Reihe von Schritten kommen wir zu einem Element, das sich auf mehrere Weisen konstruieren läßt, oder anders gesagt, zu einem Element, das nach seiner Konstruktion auf *eine* Weise noch eine *zweite* das Element bestimmende Eigenschaft besitzt. Man sagt dafür kurz „*die Figur schließt sich*" und nennt einen *Satz, der eine* solche *Schließung von Konstruktionen mit dem Lineal und dem Parallelenlineal beschreibt, einen Schließungssatz.* Man kann offenbar nach allen Figuren aus Punkten und Geraden der Ebene, die sich mit Lineal und Parallelenlineal konstruieren lassen, und somit nach allen Schließungsfiguren und Schließungssätzen fragen.

Wir ziehen uns nunmehr aus der Vorstellung der Figuren und ihrer Übersetzung in Sätze zurück und geben uns von der Sprache, die wir zur Beschreibung der Konstruktionsschritte nötig haben, Rechenschaft. Es sind nur drei Sorten von Schritten, die wir zu benennen haben, und wir können sie je mit einem Wort benennen und wir werden so auf wenige Begriffe aufmerksam, aus denen sich alle einschlägigen Sätze nach den allgemeinen Regeln der Satzbildung aufbauen lassen. Die aus der Beschreibung der ausführbaren Schritte entstehenden Sätze haben also einen besonderen faßlichen sprachlichen Bau und die *Schließungssätze*, die darunter vorkommen, haben ihrerseits eine besondere Struktur. Sie sprechen die Schließung aus, indem sie erst die vorausgehenden Schritte bis zur Konstruktion bestimmter letzter Elemente P, Q schildern und dann aussagen: „Verbindet man nun die Punkte P und Q, so ist die Gerade PQ zu einer gewissen vorher konstruierten Geraden parallel und geht evtl. noch durch gewisse vorher konstruierte Punkte hindurch." Sie *haben* also dank der zu beschreibenden Figur *die logische Form einer Folgerung*. Durch Analyse der puren Beschreibung entdecken wir ein logisches Element in dem beschreibenden Satze selbst, und die Besinnung auf das zunächst nur Vorgefundene bringt uns in eine Frage, deren rationaler Charakter unverkennbar ist.

Wie werden wir uns mit dem vorgefundenen Folgerungszusammenhang auseinandersetzen?

* * *

Die erste Antwort des Denkens ist der Versuch, einige der Sätze selbst aus anderen zu folgern. Das logisch angesprochene Denken schickt sich an, die logische Struktur der von der Anschauung angebotenen Sätze mit den Mitteln des logischen Schließens[1] zu untersuchen. Aber das ist nur möglich, wenn die Sätze nun als solche Sätze verstanden werden, die erlauben, daß aus ihnen nach logischen Regeln Folgerungen gezogen werden. Und so begibt sich nun die *Verwandlung des aus wahrnehmbarem Anlaß Gewonnenen in strenge Begriffe und Sätze*, die in logischem Denken zum Ziehen von Folgerungen verwendbar sind. Dies ist die Stelle, wo das Denken autonom einsetzt und von der Struktur der wahrnehmbaren Linien und Ecken angeleitet die Struktur der Eigenschaften reiner geometrischer Geraden und Punkte entwirft.

Zwar lassen sich auch Figuren zusammensetzen und aus einzelnen Schließungsfiguren umfaßendere Schließungsfiguren bilden und sogar aus beliebig oft wiederholten Schließungen bestehende Figuren auch anschaulich erfassen. Z. B. kann man die Konstruktion des anstoßenden Parallelogramms in Figur 2 iterieren und erhält so ein Netz aus kongruenten

[1] Man beachte den Unterschied von dem Sich-Schließen einer Figur und dem logischen Schließen und von Schließungssätzen und Schlüssen.

Parallelogrammen mit ihren Diagonalen, das die ganze Ebene bedeckt. Ähnlich kann man die Konstruktion des Sechsecks in Figur 3 iterieren und erhält dann ein Netz aus kongruenten Sechsecken mit Diagonalen, die die ganze Ebene bedecken (Figur 4). Und die Aussagen über die Elemente solcher Netze lassen sich dann in der Tat zu Theorien zusammenfassen, die sowohl den logischen Regeln wie den Erfordernissen der Anschaulichkeit entsprechen. Darauf gehen wir später ein[1].

Aber die Aussonderung solcher Netze aus der Ebene entspricht nicht der Konzeption des homogenen Raumes und der homogenen Ebene, die gestatten, die Instrumente an jede Stelle zu bringen. Dieser Konzeption genügen wir nur durch Behauptung allgemeingültiger Aussagen, d. h. genauer durch *die Verwandlung der Beschreibung von Figuren, die wir vorfinden, in Aussagen über alle Figuren, die gewissen Voraussetzungen genügen.* Das ist eine logische Umwandlung, die nur das Denken leistet, und die Aufgabe, diese mit einer Präzision verbundenen Verallgemeinerung zu rechtfertigen, kann daher nicht ohne Analyse des Denkbaren gelöst werden.

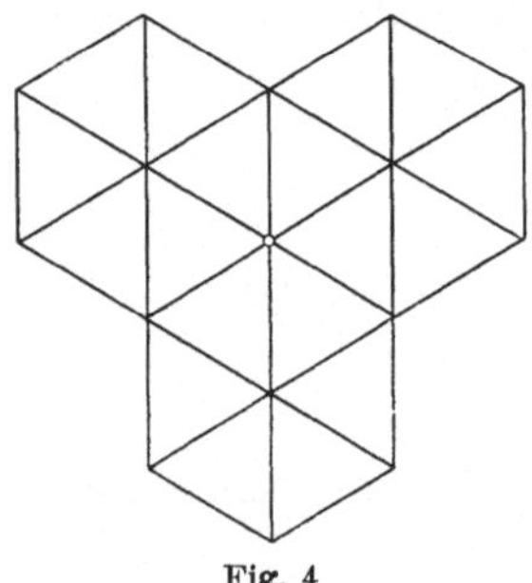

Fig. 4

Noch ist die geometrische Theorie in statu nascendi, aber halten wir sie in diesem Zustande fest. Wollen wir doch die Entstehung der reinen Geometrie klären. Wenn wir das Gesagte wörtlich nehmen, so müßten wir, um zur reinen Geometrie zu kommen, uns in Gedanken jedenfalls geeignete ideale Instrumente für reine Konstruktionen verschaffen, z. B. ideale Lineale, mit denen wir die Geraden der reinen Geometrie ziehen könnten. In der Tat spricht man ja auch in der reinen Geometrie oft so, als könne man die idealen Geraden *ziehen.* Aber die Rechtfertigung dieser Sprechweise liegt nicht (wie in der Praxis) in der Aufweisung solcher Instrumente, sondern in der reinen Geometrie selbst. Und so ist neben der Präzision und Verallgemeinerung noch eine weitere formale Umwandlung der Sätze über praktische Konstruktionen und gezeichnete Figuren nötig, um zu den Sätzen der Geometrie zu gelangen.Sie ist typisch mathematisch: Die Konstruktion wird durch die Möglichkeit der Konstruktion ersetzt und die in der Ebene *konstruierbaren* Figuren werden als die in der Ebene *existierenden* Figuren gedacht.

Auch diese Umwandlung wird durch die Lehre von der reinen Anschauung verdeckt. Denn die reine Anschauung hat ja die Funktion, die

[1] Vergleiche Seite 85ff.

Existenz reiner Figuren in formaler Analogie zu der Existenz wahrnehmbarer Figuren zu garantieren. Doch auf diese Garantie verläßt sich die reine Mathematik de facto nicht. Sie verfährt vielmehr bei der Untersuchung der Existenz, wie wir gleich sehen werden, nach ihrer eigenen Weise. Die Funktion der Existenz ist in dem Aufbau ihrer Theorien fundamental, und ohne den Begriff der mathematischen Existenz läßt sich die Struktur dieser Theorien nicht verstehen. Ohne die Konstruierbarkeit von Figuren im praktischen Sinn einerseits und die Existenz von Figuren im theoretischen Sinn andererseits zu unterscheiden und dann in Korrespondenz zu setzen, ist daher auch die Beziehung von Wahrnehmung, Anschauung und Denken nicht zu verstehen.

Die *Existenzaussagen der Geometrie* werden präzisiert durch Formulierung der *Axiome der Geometrie.* Wir wollen jedenfalls von Punkten und Geraden sprechen. Punkte und Geraden sind Gegenstände im logischen Sinn. Sie bilden je zwei Klassen von Gegenständen. Ist P ein Punkt und g eine Gerade, so ist die Aussage „P und g inzidieren" wahr oder falsch. Der Terminus „inzidieren" ist der Grundbegriff, aus dem wir alle weiteren Aussagen aufbauen wollen, die den Konstruktionen mit dem Lineal und dem Parallelenlineal entsprechen. Dieser Begriff ist eine Beziehung oder eine Relation, wie man sagt, weil Einzelaussagen, die mit Hilfe dieses Begriffs aufgebaut sind, sich immer auf je zwei Gegenstände gleichzeitig beziehen, nämlich auf einen Punkt und auf eine Gerade. Die Axiome, welche der Konstruierbarkeit von Punkten und Geraden entsprechen, lauten nun so:

1. *Sind* P, Q *zwei verschiedene Punkte, so gibt es eine Gerade* g, *die mit* P *und mit* Q *inzidiert.*

2. *Sind* g *und* g' *Geraden und* P *und* Q *zwei verschiedene Punkte und inzidiert sowohl* g *mit* P *und* Q *wie* g' *mit* P *und* Q, *so ist* g *und* g' *dieselbe Gerade.*

Statt 1 und 2 kann man kürzer sagen: Zwei verschiedene Punkte bestimmen eine und nur eine Gerade.

3. *Jede Gerade inzidiert mit mindestens zwei verschiedenen Punkten.*

4. *Es gibt drei Punkte, die nicht mit derselben Geraden inzidieren.*

Wir erweitern nun die zugelassenen Worte durch eine Definition: Die Geraden g und g' sind *parallel,* heißt: es gibt keinen Punkt, der sowohl mit g wie mit g' inzidiert. Diese Definition enthält keine neue Forderung und dient nur zur Erleichterung der Ausdrucksweise.

5. *Ist* g *eine Gerade und* P *ein Punkt, der nicht mit* g *inzidiert, so gibt es eine und nur eine Gerade, die mit* P *inzidiert und zu g parallel ist.* Wie man

sieht, kann der Terminus parallel mit Hilfe seiner Definition aus dem Axiom 5 eliminiert werden.

Man kann dem üblichen Sprachgebrauch entsprechend solche Wendungen wie „eine Gerade durch den Punkt P" oder „der Schnittpunkt der Geraden g und g'" zu abgekürzter Mitteilung verwenden. Die Übersetzung der aufgewiesenen Schließungssätze in Aussagen, die aus den Relationen Inzidieren und Parallelsein aufgebaut sind, ist dann nicht mehr schwierig. Die Untersuchung des Folgerungszusammenhangs der so entstehenden Sätze führen wir hier nicht durch. Das Ergebnis ist überraschend. Es gibt einen Schließungssatz, aus dem sich alle übrigen Schließungssätze der Euklidischen Ebene folgern lassen. Er wird als Satz des PASCAL und manchmal als Satz des PAPPUS bezeichnet[1]. Wenn man den Satz des PAPPUS als Axiom 6 fordert, so ist also jeder Schließungssatz der Euklidischen Ebene eine logische Folgerung der Axiome 1 bis 6.

* * *

Wir greifen nun den Gedanken an eine durch reine Anschauung zu fundierende geometrische Erkenntnis wieder auf und stellen sie neben die logische Theorie, deren Axiome wir eben angegeben haben.

Die Grundrelation Inzidieren hat offenbar auch für die Wahrnehmung und Anschauung einen Sinn, und es ist nicht schlechthin absurd, die mit dieser Relation beschriebenen Figuren als anschaulich zu betrachten. Aber daß die Anschauung imstande wäre, die Struktur der mathematischen Theorie, die wir angaben, vorauszusehen, wird niemand behaupten wollen. Die Auffassung der Geometrie als Beschreibung exakter Figuren hat also offenbar eine Schwäche, die sachliche Schwäche nämlich, daß sie den wesentlichen Gehalt der mathematischen Theorie gar nicht erreicht. Denn der Gehalt der Theorie ist ja logischen Charakters. Was sich in der Theorie herausstellt, ist ein Folgerungszusammenhang. Es ist falsch zu meinen, daß sich der Sinn von Beweisen darin erschöpfe, daß sie ein Mittel zur Ermittlung wahrer Aussagen sind, deren Wahrheit gar nicht wesentlich in der Beweisbarkeit bestehe. Vielmehr ist der wahre Inhalt der Theorie die logische Struktur, die durch die Theorie und nur durch sie aufgedeckt wird.

Andererseits vermittelt die Theorie jedoch nicht eine Erkenntnis von Sachverhalten, wie sie der Gedanke der reinen Anschauung entwirft. Nicht nur aus den schon genügend erörterten Gründen, weil die Verwandlung der Sätze über Wahrnehmbares in präzisierte Sätze keine Stütze in

[1] Man findet diesen Satz und die zugehörige Schließungsfigur auf Seite 107.

der Anschauung hat, sondern auch deswegen nicht, weil die allfällige Beziehung zu als solche wohl bestimmten Sachverhalten in der Theorie selbst gar nicht festgehalten ist und auch gar nicht festgehalten werden kann. Diese Schwäche der formalen Theorie — wenn man eine Schwäche nennen darf, was einer Erwartung nicht entspricht, und zwar mit sachlicher Notwendigkeit nicht entspricht — einzusehen, ist ebenso wichtig wie die Kritik an dem Gedanken einer anschaulichen Erkenntnis, die wir nicht erreichen können.

Und schließlich liefert die formale Struktur, die durch die Axiome 1 bis 6 bestimmt ist, durchaus nicht eine absolute Bestimmung der Gegenstände, von denen die Theorie spricht, noch eine absolute Bestimmung der Grundrelation, aus denen ihre Aussagen aufgebaut sind. Der Wortlaut des kleinen Satzes von DESARGUES der reinen Theorie kann dem Wortlaut nach als die Beschreibung einer wahrnehmbaren Figur gelesen werden, wie wir sahen. Dabei bezeichnen die Worte darin aber vorweisbare sichtbare Dinge auf dem Papier und wahrnehmbare Gestaltqualitäten dieser Dinge. Die Geradlinigkeit der geraden Strecken sehen wir ja, wie wir auch den Parallelismus zweier Geraden sehen. Und daß wir Linien ziehen und die gezogene Linie durchlaufen können, ist eine eindrucksvolle Qualität der anschaulichen Geraden vor uns. Diese Qualitäten bleiben uns auch gegenwärtig bei der Bestätigung etwa der im kleinen Satz von DESARGUES ausgesprochenen Beschreibung. Aber was wir ins Denken herübernehmen, ist nur die logische Form dieses Satzes, und was sich bei der Bildung der Theorie herausstellt, ist, daß es gerade die logische Form solcher Sätze ist, durch die diese Sätze zu Instrumenten des Denkens werden. Für den Denkenden treten, so können wir sagen, an der Beschreibung wahrnehmbarer Sachverhalte logische Formen hervor, und was sich im reinen Denken von den Sachverhalten festhalten läßt, sind nicht die Qualitäten der Dinge selbst, sondern nur die logische Struktur dieser Qualitäten.

Dies wird vielleicht noch etwas deutlicher, wenn wir einen qualitativ verschiedenen Bereich derselben formalen Struktur neben die Punkte und Geraden der Ebene stellen. Möge unsere Ebene horizontal im Raum und eine Kugel auf ihr liegen, welche die Ebene im Punkte S, dem Südpol der Kugel, berührt. Die Strecke, die den Nordpol N der Kugel mit dem Punkt P der Ebene verbindet, trifft die Kugel in genau einem von N verschiedenen Punkte P′, dem Bildpunkt von P, wie wir sagen wollen. Jedem P′ entspricht so umgekehrt auch ein P. Durchläuft P die Gerade g, so durchläuft P′ den Kreis auf der Kugel, welcher durch N hindurchgeht und von der Ebene, die durch N und g bestimmt ist, auf der Kugel ausgeschnitten wird. Umgekehrt entspricht jedem Kreis auf der Kugel durch N eine Gerade g, weil ein solcher Kreis eine Ebene durch N bestimmt, welche unsere horizontale Ebene in einer wohlbestimmten Geraden trifft. So haben wir denn also eine Abbildung einer Ebene mit ihren Punkten und Geraden auf die Kugel mit ihren von N verschiedenen Punkten und den Kreisen durch N vor uns. Und wenn Punkte und Geraden in der Ebene inzidieren, so inzidieren auch die entsprechenden Punkte und Kreise auf der Kugel und umgekehrt. Deswegen entspricht jeder Schließungsfigur in der Ebene eine wohlbestimmte Schließungsfigur auf der Kugel und umgekehrt. Die Inzidenzbeziehungen in den beiden voneinander qualitativ verschiedenen Gegenstandsbereichen haben also dieselbe Struktur. Folglich lassen sich die Qualitäten der ebenen Geraden und Punkte selbst nicht aus den Axiomen 1 bis 6 gewinnen.

Fassen wir das Ergebnis zusammen. Die Klärung des geometrischen Denkens vollzieht sich in der Scheidung zweier Sphären. Bei der Untersuchung der logischen Struktur anschaulicher Sachverhalte stellt sich die Ablösbarkeit dieser Struktur von diesen Sachverhalten heraus. Die Struktur prägt sich genau in dem logischen Bau und dem logischen Zusammenhang von Sätzen aus, und diese Struktur läßt sich rein formal erfassen, nämlich dank der Möglichkeit der Definition a priori formaler Satzsysteme, die durch Angabe der Bausteine der Sätze und Angabe einiger Sätze aus diesen Bausteinen, den Axiomen, erfolgt. Diese Definition durch Axiome unterliegt nur der Bedingung der Widerspruchsfreiheit und verleiht den Begriffen keine andere Bedeutung als die ihrer Rolle in der formalen Struktur, zu der sie gehören. Was wir an der dogmatischen Auffassung der Geometrie zu kritisieren hatten, kann man daher kurz die Vermischung dieser Sphären nennen. Es war vor allem die Struktur von Satzsystemen, um dessen Verständnis wir uns bemühen mußten[1]. Aber die Trennung der Sphären liegt auch im Interesse der Beurteilung der Wahrnehmung der Sachverhalte. Erst nach Trennung der Sphären ist es möglich, die Analyse anschaulicher Sachverhalte gegen voreilige Logifizierung zu schützen und in kritischer Distanz nach der Struktur der anschaulichen Eigenschaften zu fragen. Und nur in dieser Distanzierung sind wir gerüstet, den Raum der Wahrnehmungsdinge und den wirklichen Raum zu untersuchen.

Was die Konstruktionen mit dem Zirkel angeht, die sich ähnlich behandeln lassen, genüge der Hinweis, daß in HILBERTS Grundlagen der

[1] Vergleiche hierzu Abschnitt VI „Geometrie und Logik“.

Geometrie ein System von Axiomen der Euklidischen Geometrie zu finden ist, durch das die Struktur der Geometrie a priori in der von uns bezeichneten Weise definiert ist[1]. Daß auch diese reichere Struktur nicht die anschaulichen Qualitäten ihrer Elemente festlegt, macht man sich leicht an der Verbiegbarkeit eines Blattes Papier klar. Durch Verbiegung läßt sich z. B. ein solches Blatt auf einen Kreiszylinder legen, und man überzeugt sich, daß dabei die ebenen Figuren maßtreu in wohlbestimmte Figuren auf der Zylinderfläche übergeführt werden. Das zeigt an, daß die Axiome der Euklidischen Geometrie nicht wohlbestimmte Sachverhalte festlegen, vielmehr definieren auch sie nur eine reine Theorie.

* * *

Die Auffassung des geometrischen Denkens, die wir dargelegt haben, hat erst durch HILBERTS eben zitiertes Werk ihre volle Prägnanz gefunden. Aber es wäre ganz verkehrt, die Auffassung selbst als eine moderne, nur moderne anzusehen. Modern ist nur die Distanz zum Methodischen, die sich aus der Reflexion über diese Auffassung ergeben hat. Die Problematik der Durchdringung der Sphären, die wir schilderten, tritt schon bei den Griechen mit prinzipieller Deutlichkeit hervor: sie ist ein Thema der Ideenlehre PLATONS. Ich zitiere[2] aus dem Dialog MENON von PLATON, der sich mit dem Ursprung des geometrischen Denkens befaßt und uns unmittelbar angeht:

„*Sokrates:* Sag' mir doch Junge, weißt du, was ein Viereck ist? Eine Figur wie diese?

Sklave: Ja.

Sokrates: Es ist also eine viereckige Figur, welche alle diese Seiten, deren es vier sind, gleich hat?

Sklave: Allerdings.

Sokrates: Hat sie nicht auch diese durch die Mitte gezogenen Linien gleich?

Sklave: Ja.

Sokrates: Nicht wahr, eine solche Figur könnte doch wohl auch größer oder kleiner sein?

Sklave: Allerdings.

Sokrates: Gesetzt nun, diese Seite wäre zwei Fuß lang und jene auch zwei, wieviel Fuß enthielte das Ganze? Betrachte es einmal so: Wenn es hier zwei Fuß wären, dort aber nur ein Fuß, enthielte dann nicht die Figur genau einmal zwei Fuß?

Sklave: Ja.

Sokrates: Da es nun aber auch hier zwei Fuß sind, macht es dann nicht notwendig zweimal zwei Fuß?

[1] Vergleiche hierzu Abschnitt V, „Anschauung und Begriff".

[2] MENON, 82 A—85 D nach der Übersetzung von GEORGII, vergleiche PLATON, Sämtliche Werke, erster Band, S. 430, Verlag Lambert Schneider.

Sklave: Doch.

Sokrates: Also ergibt sich eine Figur von zweimal zwei Fuß?

Sklave: Ja.

Sokrates: Wieviel sind nun diese zweimal zwei Fuß? Rechne einmal und sage es!

Sklave: Vier, Sokrates.

Sokrates: Ließe sich nun nicht eine andere Figur zeichnen, welche doppelt so groß als jene und doch jener insoweit gleich wäre, daß sie, wie jene, lauter gleiche Seiten hätte?

Sklave: Ja.

Sokrates: Und wieviel Fuß wird sie haben?

Sklave: Acht.

Sokrates: Wohlan, versuche es mir nun zu sagen: wie groß wird jede Seite dieser zweiten Figur sein? Im ersten Viereck hat jede zwei Fuß; wieviel hat nun jede in diesem, das doppelt so groß ist?

Sklave: Offenbar, Sokrates, das doppelte.

Sokrates (zu Menon): Du siehst, Menon, wie ich ihn nichts lehre, sondern alles frage? Und zwar meint er jetzt zu wissen, wie groß die Seite sei, aus der das acht Fuß haltende Viereck entstehe. Oder kommt er dir nicht so vor?

Menon: Doch.

Sokrates: Weiß er es nun auch?

Menon: Nicht doch.

Sokrates: Er meint, sie sei doppelt so groß.

Menon: Ja.

Sokrates: Schau nun, wie er sich eines ums andere wieder erinnern wird, so wie man sich erinnern muß!

(Zum Sklaven) Du aber sage mir nun, — du behauptest, aus der doppelt so großen Linie entstehe eine doppelt so große Figur? Ich meine aber nicht eine solche, welche hier lang und dort kurz wäre, sondern sie soll auf allen Seiten gleich sein, gerade wie diese, aber noch einmal so groß wie diese, nämlich acht Fuß haltig. Sieh nun zu, ob du noch der Meinung bist, daß dieselbe aus der noch einmal so großen Seite entstehen werde?

Sklave: Doch ja.

Sokrates: Wird nun nicht diese Seite noch einmal so groß wie zuvor, wenn wir ihr eine zweite von ebensolcher Länge zufügen?

Sklave: Gewiß.

Sokrates: Aus dieser also, behauptest du, werde die achtfußige Figur hervorgehen, wenn nämlich die vier Seiten gleich lang gemacht werden?

Sklave: Ja.

Sokrates: Laß uns nun von ihr aus vier gleichlange Seiten zeichnen! — Dieses also wäre die Figur, welche du genau für das acht Fuß haltende Viereck erklärst?

Sklave: Allerdings.

Sokrates: Sind nun nicht in dieser Figur vier Vierecke, von denen jedes dem vier Fuß haltenden gleich ist?

Sklave: Ja.

Sokrates: Wie groß wird es also sein? Nicht wahr, viermal so groß?

Sklave: Wie anders?

Sokrates: Ist nun das viermal so große das doppelt so große?

Sklave: Nein, beim Zeus!

Sokrates: Sondern das wievielfache?

Sklave: Das vierfache.

Sokrates: Aus der doppelt so großen Seite also, mein Junge, ergibt sich nicht ein doppelt so großes, sondern ein viermal so großes Viereck?

Sklave: Ganz richtig.

Sokrates: Denn viermal vier gibt sechzehn. Nicht wahr?

Sklave: Ja.

Sokrates: Aus welcher Linie aber entsteht nun das achtfußige Viereck? — Also nicht wahr, aus dieser da entsteht das viermal so große?

Sklave: Ich gebe es zu.

Sokrates: Aus dieser da aber, die nur halb so groß ist, das vier Fuß haltende?

Sklave: Ja.

Sokrates: Gut! Das acht Fuß haltende aber ist nun doppelt so groß wie dieses, und halb so groß wie jenes?

Sklave: Allerdings.

Sokrates: Wird es also nicht aus einer Linie entstehen, die größer ist als die da, und kleiner als die dort? Oder nicht?

Sklave: Ich denke wohl.

Sokrates: Schön! Antworte nur immer, was dir dünkt! — Und nun sage mir: War nicht diese Linie zwei Fuß lang, und diese vier?

Sklave: Ja.

Sokrates: Es muß also die Linie der achtfußigen Figur größer sein als diese zwei Fuß lange, aber kleiner als die vier Fuß lange?

Sklave: Notwendig.

Sokrates: Versuche mir nun zu sagen, wie groß du wohl meinst, daß sie sei?

Sklave: Drei Fuß.

Sokrates: Nun ja, wenn sie drei Fuß haben soll, so wollen wir noch von dieser die Hälfte hinzunehmen, so wird sie drei Fuß haben. Denn dies sind zwei Fuß und dies einer. Und von dieser Seite ebenso, dies zwei und dies einer. Und dieses wird nun die Figur sein, die du meinst.

Sklave: Ja.

Sokrates: Wird nun aber, wenn die ganze Figur hier drei und hier drei Fuß hat, wird sie da nicht dreimal drei Fuß halten?

Sklave: Offenbar.

Sokrates: Dreimal drei Fuß aber macht wieviel?

Sklave: Neun.

Sokrates: Die doppelt so große Figur aber sollte wieviel Fuß halten?

Sklave: Acht.

Sokrates: Also auch aus der dreifußigen Linie entsteht die achtfußige Figur noch nicht.

Sklave: In der Tat nicht.

Sokrates: Aus welcher denn? Versuche es uns genau zu sagen! Und wenn du es nicht in Zahlen ausdrücken willst, so deute nur hin, aus welcher!

Sklave: Aber beim Zeus, Sokrates, ich weiß es nicht.

Sokrates (zu Menon): Merkst du nicht abermals, Menon, wie weit dieser schon auf dem Wege des Wiedererinnerns gekommen ist? Zuerst wußte er zwar nicht, welches die Seite des achtfußigen Vierecks sei, wie er das auch jetzt noch nicht weiß. Aber damals glaubte er doch sie zu wissen und antwortete dreist fort als ein Wissender, ohne sich im mindestens in Verlegenheit zu sehen. Nun aber sieht er sich bereits in Verlegenheit, und wie er es nicht weiß, so bildet er sich auch nicht mehr ein, es zu wissen.

Menon: Du hast ganz recht.

Sokrates: Steht es nun nicht besser mit ihm hinsichtlich des Gegenstandes, den er nicht wußte?

Menon: Auch dieses dünkt mir.

Sokrates: Indem wir ihn also in Verlegenheit gesetzt und nach Art des Zitterrochens erzittern gemacht haben, haben wir ihm da wohl etwas geschadet?

Menon: Nicht wie mir dünkt.

Sokrates: Wir haben ihm also wohl, wie es scheint, einen Dienst geleistet für Auffindung dessen, wie es sich verhält. Denn jetzt dürfte er auch mit Lust weitersuchen, als ein noch nicht Wissender. Vorhin aber bildete er sich ein, mit Leichtigkeit vor vielen und vielmals wohl behaupten zu können von der doppelt so großen Figur, daß sie auch eine doppelt so große Seite haben müsse.

Menon: Es scheint so.

Sokrates: Meinst du nun, er hätte es früher unternommen, das zu untersuchen oder zu lernen, was er sich einbildete zu wissen und doch nicht wußte, ehe er in Verlegenheit kam durch die Überzeugung, es nicht zu wissen, und sofort nach dem Wissen sich sehnte?

Menon: Mir dünkt nicht, Sokrates.

Sokrates: Nützte ihm also das Erzittern?

Menon: Mir dünkt ja.

Sokrates: Beachte nun, wie er von dieser Verlegenheit aus mit mir suchen und finden wird, indem ich immer nur frage und nicht lehre! Gib ja recht Achtung, ob du findest, daß ich ihn lehre und es ihm erläutere, und ob ich nicht vielmehr nur seine Ansichten erfrage!

(Zum Sklaven.) Sage mir doch, ist dies nicht unsere vierfußige Figur? Verstehst du?

Sklave: Ja.

Sokrates: Können wir ihr nicht eine gleiche anfügen, diese da?

Sklave: Ja.

Sokrates: Und noch eine dritte hier, welche von diesen beiden gleich ist?

Sklave: Ja.

Sokrates: Können wir nicht zur Vervollständigung auch noch hier in den Winkel eine zeichnen?

Sklave: Ganz wohl.

Sokrates: Werden damit nun nicht genau vier gleiche Figuren hier entstehen?

Sklave: Ja.

Sokrates: Und nun? Das Ganze da, wieviel mal so groß wird es sein als diese da?

Sklave: Viermal so groß.

Sokrates: Für uns aber hätte es sollen nur zweimal so groß werden. Oder erinnerst du dich nicht?

Sklave: Allerdings.

Sokrates: Wird nun nicht diese Linie, die man von einem Winkel zum andern zieht, jedes von diesen Vierecken in zwei Hälften schneiden?

Sklave: Ja.

Sokrates: Entstehen nun nicht so diese vier gleichen Linien, welche diese Figur da einschließen?

Sklave: Ja.

Sokrates: Und nun sieh einmal, wie groß wohl diese Figur ist?

Sklave: Ich weiß es nicht.

Sokrates: Hat nicht von diesen Vierecken, deren es vier sind, diese Linie jedesmal die Hälfte innen abgeschnitten? Oder nicht?

Sklave: Ja.

Sokrates: Wieviele solche Hälften sind nun in dieser Figur enthalten?

Sklave: Vier.

Sokrates: Wieviele aber in dieser?

Sklave: Zwei.

Sokrates: Was ist aber vier gegen zwei?

Sklave: Doppelt so groß.

Sokrates: Wieviele Fuß ergeben sich also nun für diese Figur?

Sklave: Acht Fuß.

Sokrates: Und von welcher Linie aus?

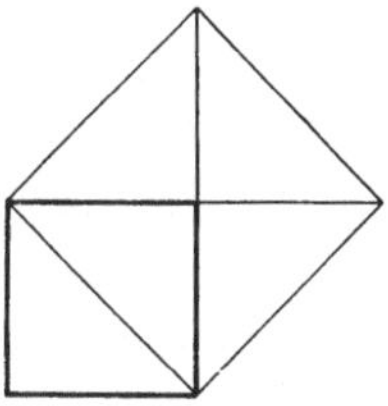

Fig. 5

Sklave: Von dieser.

Sokrates: Also von der, welche von einem Winkel des vierfußigen Vierecks in den andern gezogen wird?

Sklave: Ja.

Sokrates: Die Gelehrten[1] nun nennen diese Linie die Diagonale, so daß also, wenn dies die Diagonale heißt, von der Diagonale aus, wie du, Sklave des Menon, sagst, das doppelt so große Viereck sich ergeben wird.

Sklave: Allerdings, Sokrates.

Sokrates (zu Menon): Was dünkt dir nun, Menon? Hat dieser irgendeine andere Vorstellung in seinen Antworten dargelegt als seine eigene?

Menon: Nein, ganz nur seine eigene.

Sokrates: Und doch wußte er, wie wir bemerkt haben, es kurz zuvor noch nicht.

Menon: Ganz richtig.

Sokrates: Es waren also wohl diese Vorstellungen schon in ihm? Oder nicht?

Menon: Ja.

Sokrates: Also auch in dem, welcher nicht weiß, sind doch richtige Vorstellungen von dem, was er nicht weiß?

Menon: Augenscheinlich.

Sokrates: Und jetzt sind ihm wohl diese Vorstellungen wie ein Traum wieder aufgeregt worden. Und wenn ihn jemand öfters und in verschiedener Weise über das-

[1] Die Gelehrten beweisen außerdem, daß Diagonale und Seite des Quadrats inkommensurabel sind. In EUKLID, Buch X, findet sich ein solcher Beweis als Einsprengsel (Satz 117), was auf ein höheres Alter des Beweises schließen läßt. Ist die Quadratseite das Einheitsmaß, so folgt aus dem Satz des PYTHAGORAS für die Diagonale d, $d^2 = 2$. Aus $d = m/n$ (m, n ganze Zahlen) folgt dann $m^2 = 2\,n^2$. Hieraus folgt weiter, daß m und n beide durch 2 teilbar sein müssen, im Widerspruch zu der Möglichkeit, daß man m/n als gekürzten Bruch voraussetzen kann. Auf diesen Sachverhalt spielt SOKRATES offenbar an.

selbe befragen würde, so glaubst du gewiß, daß er zuletzt diese Dinge nicht minder genau erkennen werde als irgend jemand.

Menon: Ohne Zweifel.

Sokrates: Und nicht wahr, er wird sie erkennen, wenn ihn auch niemand lehrt, sondern nur fragt, indem er die Erkenntnis ganz aus sich selbst wieder gewinnt?

Menon: Ja.

Sokrates: Und dieses Wiedergewinnen einer Erkenntnis in sich selbst, ist das nicht ein Sich-wieder-erinnern?"

Die Bedeutung dieser kleinen Szene liegt in ihrer Einzigartigkeit. Es gibt in der Literatur keine Darstellung des mathematischen Denkens als Vorgang oder Tätigkeit. Die Mathematikbücher stellen Gedachtes dar, das immer erst wieder aufgetaut werden muß, um sich als natürlich zu Denkendes darzustellen. Die Szene aus dem Menon ist ein Dokument, in dem sich mathematisches Denken als Tätigkeit spiegelt und wie es auch mit PLATONS Deutung des richtigen Denkens oder des Erkennens als ein Wiedererinnern stehe, — daß es hier um Denken und nicht um Anschauen geht, ist evident.

Ich stelle daneben einige Sätze, welche zugunsten der Anschauung als der wahren Quelle geometrischer Einsicht *gegen* die Mathematiker gerichtet sind. „Auf die Anschauung beruft man also in der Geometrie sich eigentlich nur bei den Axiomen", sagt SCHOPENHAUER in seiner Abhandlung über den Satz vom Grunde[1]. „Alle übrigen Lehrsätze werden demonstriert, d. h. man gibt einen Erkenntnisgrund des Lehrsatzes an, welcher jeden zwingt, denselben als wahr anzunehmen: also man weist die logische, nicht die transzendentale Wahrheit des Lehrsatzes nach. Diese aber, welche im Grund des Seins und nicht in dem des Erkennens liegt, leuchtet nie ein als nur mittelst der Anschauung. Daher kommt es, daß man nach so einer geometrischen Demonstration zwar die Überzeugung hat, daß der demonstrierte Satz wahr sei, aber keineswegs einsieht, warum, was er behauptet, so ist wie es ist: d. h. man hat den Seinsgrund nicht, sondern gewöhnlich ist vielmehr erst jetzt ein Verlangen nach diesem entstanden. Denn der Beweis durch Aufweisung des Erkenntnisgrundes wirkt bloß Überführung (convictio), nicht Einsicht (cognitio). ... Daher kommt es, daß er gewöhnlich ein unangenehmes Gefühl hinterläßt, wie es der bemerkte Mangel an Einsicht überall gibt, und hier wird der Mangel der Erkenntnis, warum etwas so sei, erst fühlbar durch die gegebene Gewißheit, daß es so sei. Die Empfindung dabei hat Ähnlichkeit mit der, die es uns gibt, wenn man uns etwas aus der Tasche oder in die Tasche

[1] Sechstes Kapitel, § 39, Geometrie, dritter Absatz. SCHOPENHAUER hat dabei offenbar nur das erste Buch der Elemente EUKLIDS im Auge.

gespielt hat und wir begreifen nicht wie.“ „Daß man aber“, so nimmt er diese Betrachtung am Schluß des Paragraphen wieder auf „in der Geometrie nur strebt convictio zu wirken, welche wie gesagt einen unangenehmen Eindruck macht, nicht aber Einsicht in den Grund des Seins, die wie jede Einsicht befriedigt und erfreut, dies möchte neben anderem ein Grund sein, warum manche sonst vortreffliche Köpfe Abneigung gegen die Mathematik haben.“

„Ich kann mich nicht entbrechen“, fährt er dann fort „nochmals die schon an einem anderen Ort gegebene Figur herzusetzen, deren bloßer Anblick, ohne alles Gerede, von der Wahrheit des Pythagorischen Lehrsatzes zwanzigmal mehr Überzeugung gibt als der Euklidische Mausefallenbeweis.“

Die Figur, die SCHOPENHAUER dabei im Auge hat, ist keine andere als die, welche der Sklave des Menon erst auffassen konnte, nachdem er durch kritisches Denken zur Einsicht in sein Nichtwissen gebracht wie ein Zitterrochen in Bewegung geraten war!

II.

ÜBER MECHANISMEN

„Novi insuper ingeniosissimum virum D. Otterum multa super hac re excogitasse; sed neque ille, quantum mihi innotuit, publici juris quidquam fecit.“ So schreibt der jüngere FRANZISCUS VAN SCHOOTEN (1615—1660) in der Einleitung zu seinem Buch: *De organica conicarum sectionum in plano descriptione.* Leiden 1646. Die Dokumente dieses „eifrigen Nachdenkens“ finden sich im Nachlaß CHRISTIAN OTTERS[1] und wurden im stadtgeschichtlichen Museum zu Königsberg aufbewahrt. Es handelt sich um ungefähr 50 mehr oder weniger gut erhaltene Pappmodelle, deren Glieder aus einem Spiel Karten geschnitten sind. Durch Schiebeschlitze und Gelenke ist für die notwendige Beweglichkeit der Modelle gesorgt. Die Vermutung, daß dies Modelle für *Kurvenzirkel* und mechanische *Winkelteilungs*apparate sind, hat sich bestätigt.

Bei der Deutung und Erklärung tritt das Problem auf, wie das einzelne Modell zu handhaben ist, d. h. welches Glied als Basis anzusehen ist, welcher Punkt dann eine Kurve beschreibt, oder auch, den gegebenen und gesuchten Winkel in den Gliedern aufzufinden. Vereinzelte Aufschriften erleichtern die Lösung dieser schwierigen Fragen; z. B.

<table>
<tr><td>„pro ellipsi“</td><td rowspan="4">was etwa soviel bedeuten soll wie:</td><td>Ellipsenzirkel</td></tr>
<tr><td>„laty fixum“</td><td>Basis</td></tr>
<tr><td>„apex“</td><td>Spitze des schreibenden Stifts</td></tr>
<tr><td>„$\frac{1}{3}$“</td><td>Winkeldreiteiler,</td></tr>
</table>

jedoch oft fehlen auch diese.

Die Bearbeitung der Modelle hat zu folgenden Resultaten geführt:

1. Eine Reihe von Modellen, die sich schon ganz äußerlich von den anderen durch Spitzen an den freien Gliedenden (Fig. 6) unterscheiden, tragen zum Teil Auf-

---

[1] M. CANTOR schreibt hierzu: „Otter ist zweifellos Christian Otter (1598—1660) aus Ragnit in Preußen, welcher zuerst Hofmathematicus des Kurfürsten Friedrich Wilhelm von Brandenburg, später Professor der Mathematik in Nimwegen war, und der in der Geschichte des Festungsbaues mit großen Ehren genannt wird.“ (*Gesch. d. Math.* II, S. 693. Leipzig 1900.)

Vgl. ferner Schriften der Königsberger Gelehrten Gesellschaft, Naturwissenschaftliche Klasse 10, Heft 5.

schriften wie „$\frac{1}{3}$“, „$\frac{1}{5}$“, „$\frac{3}{5}$“ oder „$\frac{1}{4}$“. Sie sind zur *Winkelteilung* bestimmt. Ihre Konstruktion beruht auf elementaren Dreieckssätzen.

2. Eine große Anzahl der Modelle sind *Kegelschnittszirkel.*

Bei den Vorrichtungen, die zur mechanischen Konstruktion einer *Parabel* dienen, treten uns drei Parabeldefinitionen entgegen, die sich durch elementargeometrische Schlüsse auf die übliche Definition zurückführen lassen.

Bei den *Ellipsen*zirkeln findet man zwei Definitionen.

Durch Abänderung einzelner Gliederlängen entsteht aus einem Ellipsenzirkel ein *Hyperbel*zirkel.

3. Vom Standpunkt einer anderen Basis aus bietet einer der Ellipsenzirkel die Möglichkeit zur mechanischen Konstruktion einer *Pascalschen Schnecke,* womit gleichzeitig eine Verwendung zur *Trisektion* eines Winkels gegeben ist.

An einigen Modellen hat OTTER eine naheliegende Verallgemeinerung eines Ellipsenzirkels vollzogen, die bei gleicher Anzahl der Glieder, Gelenke und Schiebeschlitze möglich ist. Er gelangt damit zu *ellipsenähnlichen* Kurven.

4. Eine weitere große Gruppe löst gleichzeitig zwei Aufgaben: Einmal sind die Modelle zum großen Teil zur *Winkelteilung* verwendbar, dann beschreiben aber auch — bei allen diesen Modellen — bestimmt gekennzeichnete Punkte oder Gelenke sogenannte *Rhodoneen,* und zwar verschiedene Individuen dieser Gattung. Die große Anzahl berechtigt zu der Annahme, daß OTTER auf diese Art eine ganze Klasse von Kurven festlegen wollte. Dies ist als historischer Beitrag besonders interessant, denn GUIDO GRANDI, dem LORIA und ebenso CANTOR die Entdeckung der Rhodoneen zuschreiben, hat die fragliche Abhandlung „Florum geometricorum manipulus“ erst im Jahre 1723 veröffentlicht.

5. Der Rest erlaubt keine Zusammenfassung unter einheitliche Gesichtspunkte. Ein großer Teil ist im Laufe der Zeit — die Modelle sind ja 250—300 Jahre alt — weitgehend lädiert worden.

Man kann wohl sagen, daß OTTER in seinen Mechanismen weit über SCHOOTEN, und damit wohl auch über seine Zeit hinausgeht. Zwar bieten die Ellipsen- und Hyperbelzirkel OTTERS nichts, was nicht auch im Prinzip bei SCHOOTEN vorkäme. (Die Parabelzirkel enthalten neue Definitionen.) Durchaus neu sind aber bei ihm die Winkelteilungsmodelle und Rhodoneenzirkel. Die Bemerkung SCHOOTENS über ihn zeigt, daß OTTER sich jedenfalls schon vor 1646 mit diesen Problemen beschäftigt hat. Eine eingehende Schilderung des bewegten Lebens dieses Mathematikers findet man bei J. BUCK, Königsberg und Leipzig 1764.

* * *

Als erstes Beispiel für die Apparate zur Winkelteilung bringe ich eine Vorrichtung zur Trisektion (Fig. 6).

Das Modell trägt keine Aufschrift. Man kann — abgesehen von kleinen Ungenauigkeiten, die durch die Primitivität des Materials bedingt sind — folgende Beziehungen zwischen den einzelnen Gliedern und Gelenken feststellen: Es ist (Fig. 7) $AC = AE$. Das Glied BD stellt die Mittelsenkrechte auf AC dar. Außerdem ist $AF = AG = AH = AI$. Durch (im wesentlichen) wiederholte Anwendung des Satzes über die Basiswinkel gleichschenkliger Dreiecke und des Satzes vom Außenwinkel erkennt man, daß $\sphericalangle GAH = \frac{1}{3} \sphericalangle FAI$ ist. (Angefangen mit $\sphericalangle DAC = \alpha$ kommt man leicht durch.)

Die Gebrauchsanweisung ist somit ganz klar: Man lege den Punkt A auf den Scheitel des gegebenen Winkels und verschiebe das Modell so,

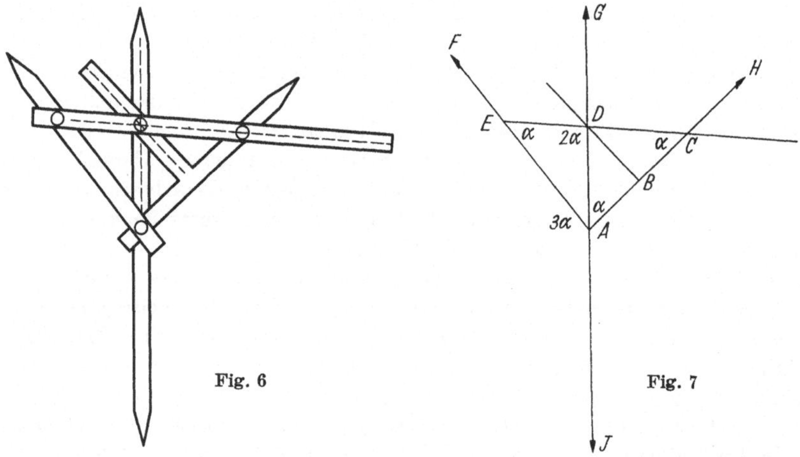

Fig. 6 Fig. 7

daß die beiden Spitzen I und F in die Richtung der Schenkel fallen. Dann markiere man die Punkte G und H, die ebenfalls durch Spitzen gekennzeichnet sind, und ziehe AG und AH; dann ist GAH der gesuchte Winkel.

Eine Tatsache, die Otter bei den folgenden Modellen sehr oft anwendet, will ich vorausschicken. Es handelt sich dabei um die mechanische Geradführung eines Punktes, die auch in dem schon oben erwähnten Buch von Schooten im ersten Kapitel abgeleitet wird. Das Kapitel trägt geradezu die Überschrift: „De rectis lineis, quae in plano ex motu implicato describuntur."

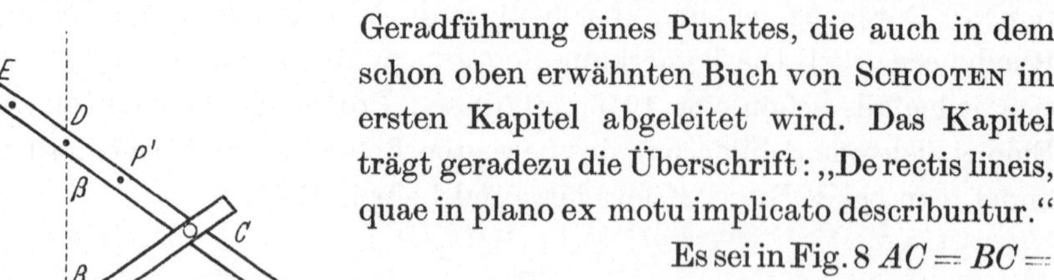

Fig. 8

Es sei in Fig. 8 $AC = BC = CD$, dann ist $2\alpha + 2\beta = 180^0$, also $\alpha + \beta = 90^0$; d. h. aber: Der Ort des Punktes D ist die Senkrechte in A auf AB.

Wir beschreiben zwei Ellipsenzirkel, die in der Hauptsache auch zwei Definitionen aufweisen.

Die eine ist folgende (Fig. 9):

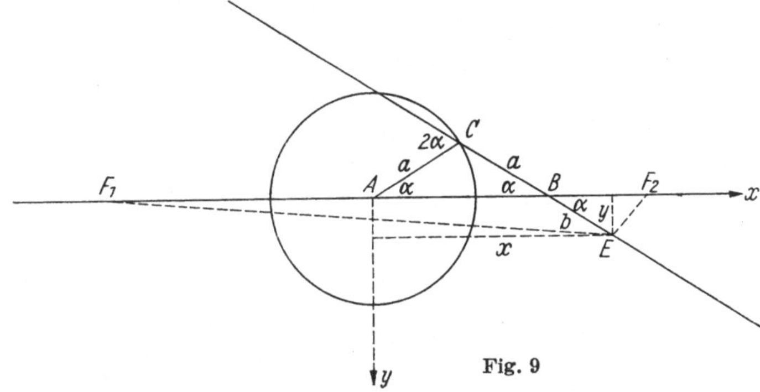

Fig. 9

Definition 1:

Gegeben sei ein Kreis um A mit dem Radius $AC = a$ und eine Gerade AB durch den Mittelpunkt. Man verbinde die Punkte C und B konstanten Abstandes $CB = a$ des Kreises und der Geraden. Dann beschreibt ein beliebiger Punkt E dieser Verbindungslinie eine Ellipse.

Die einfachste mechanische Verwirklichung dieser Definition zeigt Fig. 8. Die Punkte D und B sind Grenzfälle. Ein Apparat hat tatsächlich diese einfache Form (Fig. 14). Andere drücken bei etwas komplizierterem Mechanismus den gleichen Gedanken aus. Das Prinzip dieses Ellipsenzirkels

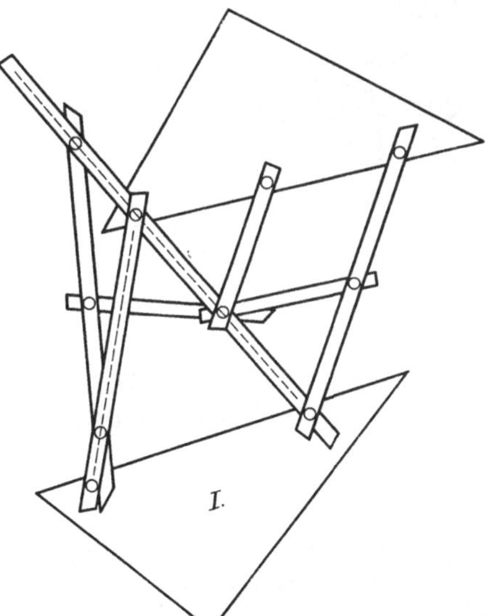

Fig. 10

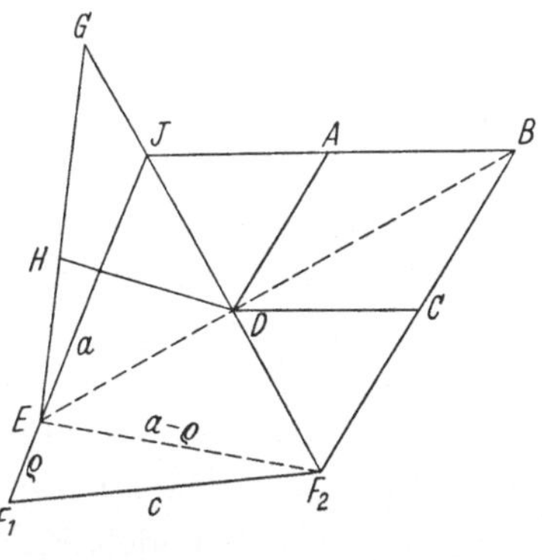

Fig. 11

hat auch Schooten benutzt; auf S. 26 des zitierten Buches findet man die entsprechende Abbildung. (Ableitung Kap. 2 und 4.)

Die andere Ellipsendefinition — es wird hier eine ganz bekannte Ellipsenkonstruktion mechanisch durchgeführt — ist folgende (Fig. 11):

Definition 2:

Ein Dreieck F_1F_2I mit der festliegenden konstanten Seite $c = F_1F_2$ und der um F_1 rotierenden konstanten Seite $a = F_1I$ sei vorgegeben. Die Mittelsenkrechte DE auf der veränderlichen Seite F_2I schneidet die Seite a in E. Dann ist der Ort des Punktes E für $a > c$ eine Ellipse.

Das Modell hierzu zeigt Fig. 10.

Auf dem Griffbrett I. steht „laty fixum", was bedeutet, daß dieses Blatt festgehalten werden soll, also die Basis des Modells bildet. Auf dem Glied HE steht bei E (Fig. 11) „apex" gleich Spitze, was anzeigt, daß hier der Zeichenstift eingesetzt werden soll. Außerdem bestehen folgende Zusammenhänge zwischen den einzelnen Gliedern:

Es sind gleich lang die Glieder IB und BF_2. Sie werden durch die Gelenke A und C halbiert. Ferner ist $AD = DC = \frac{1}{2}\ BI$. Schließlich ist $EG = 2\,HD$ und das Gelenk H liegt in der Mitte des Gliedes EG. F_1I ist größer als F_1F_2.

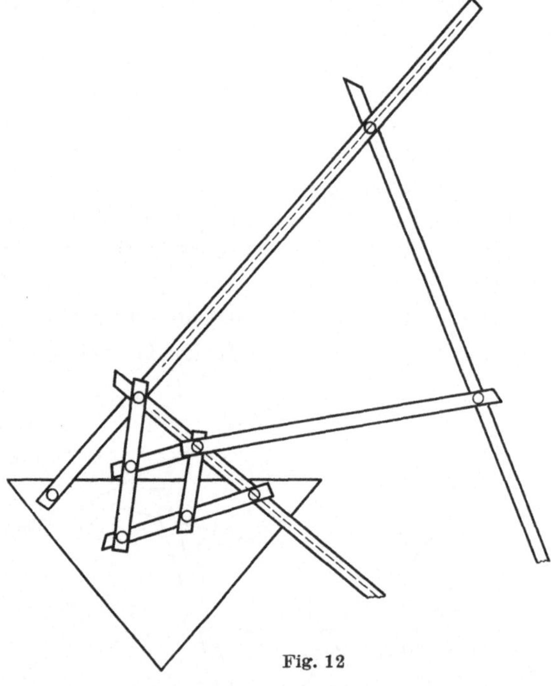

Fig. 12

Durch diese Anordnung fällt D immer in die Mitte der Strecke F_2I und der Punkt E liegt auf der Mittelsenkrechten von F_2I. So wird die obige Definition erfüllt. Auch dieser Gedanke wird bei Schooten angewandt (Kap. 8). Jedoch hat das Modell Schootens einen einfacheren Mechanismus.

Das Gegenstück — und diese Beziehung ist recht interessant — zu dem eben erklärten Ellipsenzirkel ist ein Hyperbelzirkel. Die Definition ist ganz die gleiche. Nur ist hier (Fig. 13) $a < c$, während in Fig. 11 $a > c$ war. Das vorliegende Modell (Fig. 12) ist offensichtlich unvollständig, denn die beiden Glieder EG und DH (Fig. 13) sind unabhängig von den anderen beweglich. Die Buchstaben sind analog Fig. 11 gewählt. Folgende Ergänzung liegt nahe: Verdoppelt man das Glied EH über H hinaus bis G und befestigt ein Gelenk G im Schiebeschlitz IG, so ist die nachfolgende Deutung möglich, die auch mit der Aufschrift des Modells übereinstimmt.

Auf dem Griffbrett steht nämlich „latus fixus hyperbolia", und auf dem Glied EG steht bei Gelenk E „apex hyperbolien". Ferner ist F_1I kleiner als F_1F_2. Die Glieder BI und BF_2 sind gleich lang und werden durch die Gelenke A und C halbiert. Dann ist wie oben $ID = DF_2$ und DE die Mittelsenkrechte auf IF_2. Im Kapitel 9 des Buches von SCHOOTEN ist

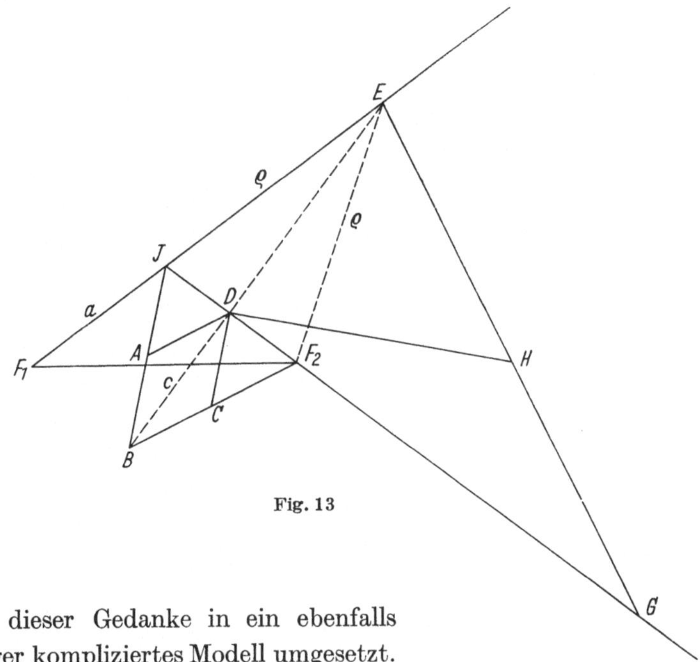

Fig. 13

auch dieser Gedanke in ein ebenfalls weniger kompliziertes Modell umgesetzt.

Der schon behandelte Ellipsenzirkel, wie ihn Fig. 8 andeutet, ist auch noch von anderen Gesichtspunkten aus bemerkenswert. Fig. 14 zeigt das eigentliche Modell. Die Glieder AC und BC sind gleich lang.

Zunächst kann man zeigen, daß der Hebel AD keine theoretische Bedeutung hat. Da der Apparat keine Bezeichnungen trägt, kann man jedes der drei Glieder zur Basis machen:

1. Halte man das Glied CAD fest. Dann beschreiben die Punkte auf BC und AB nur Kreise.

2. Halte man AB fest. Dann beschreiben die Punkte auf CAD Kreise und die Punkte auf BC Ellipsen, wie schon gezeigt worden ist.

3. Halte man BC fest. Dann beschreiben die Punkte auf CAD ebenfalls nur Kreise, während ein beliebiger Punkt P auf AB (Fig. 15) eine Pascalsche Schnecke mit der Gleichung[1]

$$(x^2 + y^2 - 2\,ax)^2 = b^2\,(x^2 + y^2)$$

beschreibt.

[1] Vgl. Dr. GINO LORIA, *Spezielle algebraische und transzendente ebene Kurven.* Leipzig 1902, S. 137 (4).

Die dritte Eigenschaft ergibt sich auch aus der folgenden Definition der Pascalschen Schnecke (Fig. 15):

Definition 3:

Man ziehe die Sehnen AB eines Kreises K_1 um C mit dem Radius $a = BC$ durch einen Punkt B seiner Peripherie und trage auf ihnen von A aus nach beiden Seiten die Strecke $AP = AP' = b$ ab. Der Ort der Punkte P, P' ist eine Pascalsche Schnecke.

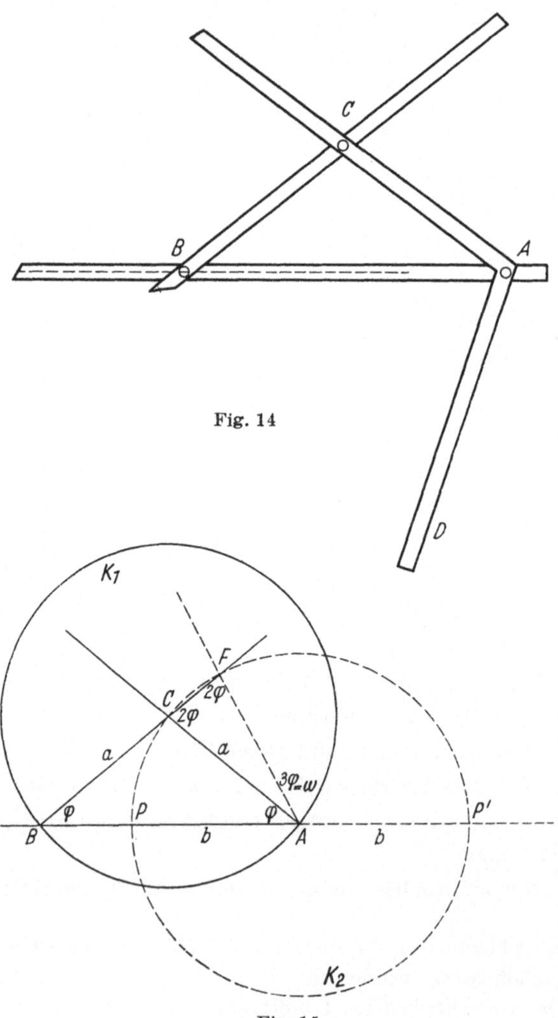

Fig. 14

Fig. 15

Auf dieser Eigenschaft des Modells beruht auch seine Verwendung zur Trisektion (Fig. 15). Der gegebene Winkel sei $FAP' = \omega$. Man ziehe mit der Konstanten a des Modells um den Scheitel A den Kreis K_2. Dann lege man den Punkt A des Modells auf den Scheitel des Winkels ω und das Glied AB in die Verlängerung des Schenkels $P'A$ über A hinaus. Durch Drehen am Hebel AD führt man das tatsächlich verlängerte Glied BC durch den vorher bestimmten Schnittpunkt F des Kreises K_2 mit dem anderen Schenkel. Dann ist Winkel $BAC = \varphi = \frac{1}{3}\,\omega$.

* * *

Wir kommen nun zu einer großen Gruppe von Modellen, die schon äußerlich zum Teil gewisse Ähnlichkeiten aufweisen und die ebenfalls eine Deutung unter einheitlichen Gesichtspunkten zulassen. Einerseits eignen sich diese Modelle zur mechanischen Winkelteilung, worauf oft Aufschriften wie „Helice trisecante angulum" oder ähnliche hinweisen. Andererseits aber beschreiben gewisse Punkte, die durchgehend die Bezeichnung „apex" erhalten, Kurven gleicher Gattung, deren Erfindung in der Geschichte der Mathematik bisher später datiert wurde[1]. Es sind dies die schon erwähnten *Rhodoneen* oder Rosenkurven von G. GRANDI. Ihre Definition ist folgende:

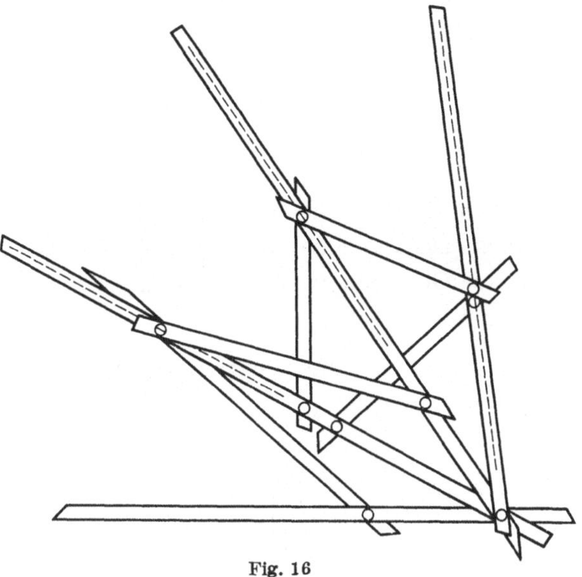

Fig. 16

Definition 4:

Seien (Fig. 17) OA und AM zwei einander gleiche Strecken, die in O und A drehbar sind; die erstere rotiert um O mit einer gewissen Geschwindigkeit, die zweite um A mit der $m$fachen Geschwindigkeit; der Ort des Punktes M ist dann eine Rhodonee.

Ihre Gleichung lautet

$$\varrho = 2a \cos \frac{m}{m+2} \varphi .$$

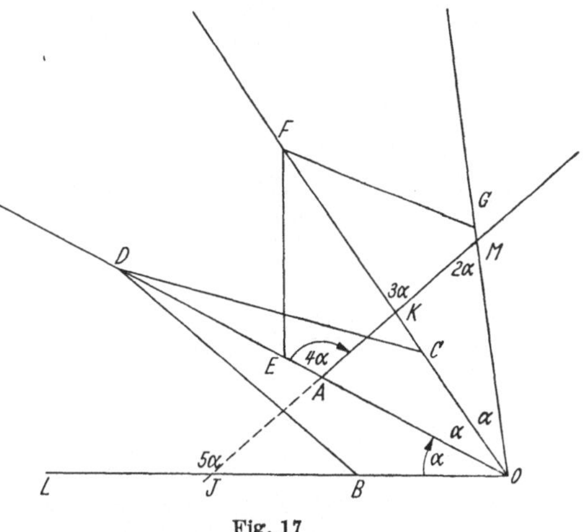

Fig. 17

Eins dieser Modelle zeigt Fig. 16. Es trägt folgende Bezeichnung (Fig. 17):

Auf OB steht „latus fixum", auf MA steht „apex", und zwar bei Gelenk M. BD trägt die Aufschrift „pro Helice tri et quinque secante arcum". Die Gliederpaare $OB \sim OC$, $BD \sim DC$, $EF \sim GF$, $OE \sim OG$ und $OA \sim AM$ sind gleich lang.

Die Anwendung zur Winkelteilung ist folgende:

[1] Vgl. G. LORIA, S. 297 ff. und M. CANTOR, III, S. 774.

Gegeben ist der Winkel BOG. Dann folgt aus ganz elementaren Dreieckssätzen, daß $\sphericalangle\, BOD = \sphericalangle\, DOF = \sphericalangle\, FOG = \frac{1}{3} \sphericalangle\, BOG$ ist.

Die Fünfteilung ist ebenfalls sehr einfach:

Gegeben ist der Winkel LIM. Man lege das Glied LO auf den einen und das Glied AM auf den anderen Schenkel. Dann ist z. B. $\sphericalangle\, LOD = \frac{1}{5} \sphericalangle\, LIM$. Es folgt weiter ebenso einfach, daß $\sphericalangle\, DAM = \frac{4}{5} \sphericalangle\, LIM$, $\sphericalangle\, FKM = \frac{3}{5} \sphericalangle\, LIM$ usw. ist.

Hierbei sind die Bezeichnungen „apex" und „latus fixum", die immer auf einen Kurvenzirkel verweisen, noch nicht zur Deutung herangezogen worden. Die Bewegung des Punktes M („apex") drückt sich durch die folgende Gleichung in Polarkoordinaten aus:

$$\varrho = 2a \cos \tfrac{2}{3}\varphi.$$

Es ist die Gleichung der Rhodonee für $m = 4$. Sie ist eine Kurve zehnter Ordnung[1].

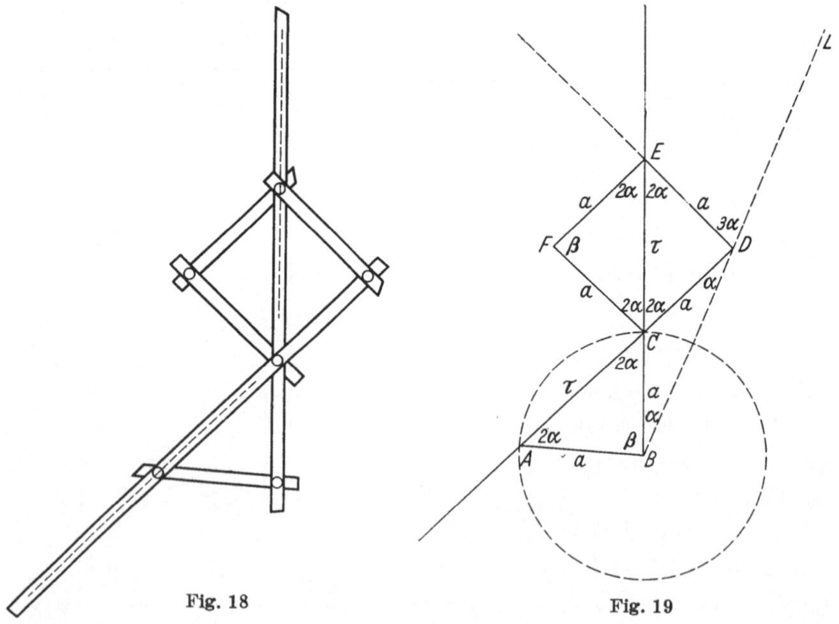

Fig. 18

Fig. 19

Schließlich weisen wir noch auf das Modell Fig. 18 hin, mit dem außer der Winkeldreiteilung und der mechanischen Konstruktion einer Rhodonee auch noch die Konstruktion der *Nephroide*[2] möglich ist.

---

[1] Vgl. Dr. Himstedt, *Über diejenigen ebenen Kurven, welche der Polargleichung* $r = a \cdot \sin \lambda\, \Theta$ *entsprechen*. Progr. Löbau (Westpreußen) 1888, S. 5.

[2] G. Loria, S. 238 ff., Tafel IX, Fig. 60.

Der Apparat trägt folgende Aufschriften (Fig. 19): Auf AB steht „laty fixum“, auf BC „Helice“, auf CD „trisectionis“, auf DE „anguli“ und auf EF „apex“. Folgende Glieder oder Gliederteile sind gleich lang: AB, BC, CD, CF, FE und ED.

Die Verwendung des Modells zur Trisektion ist folgende: Man lege D in den Scheitel des gegebenen Winkels LDE, verschiebe das Modell so, daß B auf die Verlängerung des einen und E auf den anderen Schenkel fällt. Dann ist $\sphericalangle CBD = \frac{1}{3} \sphericalangle LDE$.

Hierbei sind die Glieder CF, FE und AB überflüssig. Die Bezeichnung „apex“ steht auf FE an zweideutiger Stelle. Der Punkt F beschreibt, wenn man, wie verlangt, AB festhält, eine Rhodonee für $m = \frac{1}{2}$ mit der Gleichung

$$\varrho = 2a \cos \tfrac{1}{5}\varphi .$$

Die gleiche Kurve durchläuft Punkt D.

Der Punkt E beschreibt dagegen die Nephroide oder Nierenkurve von Freeth mit der Gleichung

$$(x^2 + y^2)\,(x^2 + y^2 - a^2)^2 - 4a^2(x^2 + y^2 - ax)^2 = O.$$

Ihre geometrische Definition ist

Definition 5:

Zu einem Kreis mit dem Zentrum B und dem Radius a ziehe man durch einen Punkt A seiner Peripherie die Sehnen AC; auf dem zugehörigen Radius CB trage man nach beiden Seiten das Stück $CE = CA$ ab. Der Ort der Punkte E, E' ist die Nephroide.

Man erkennt diese Definition in dem Modell leicht wieder.

III.

ANALYTISCHE GEOMETRIE

Eine Gerade der Euklidischen Ebene wird durch Auszeichnung einer Richtung zu der geordneten Menge ihrer Punkte P, Q, deren Anordnungsbeziehung wir $P < Q$ schreiben wollen, und eine gerichtete Gerade wird zu einer *Zahlengeraden*, indem wir einen Punkt O als Anfangspunkt und einen Punkt E mit $O < E$ als Einheitspunkt wählen und denjenigen Punkten P, für welche OP kommensurabel zu OE ist, eine Zahl x zuordnen, die positiv oder negativ ist, je nachdem $O < P$ oder $P < O$ ist und deren Betrag die Länge von OP gemessen in der Einheitsstrecke OE ist. Daß OP zu OE *kommensurabel* ist, besagt ja, daß es eine Strecke s gibt, die sowohl OE wie OP „mißt". Man kommt mit anderen Worten von O aus durch wiederholtes Abtragen von s sowohl zu E wie zu P, etwa durch m-maliges Abtragen zu E und durch n-maliges zu P. Dann ist die Länge von s gleich 1/m und die Länge von OP gleich n/m. Umgekehrt gibt es zu jeder *rationalen* Zahl $x = \pm n/m$ einen Punkt P, der x zur *Koordinate* hat. Man findet ihn, indem man OE in m gleiche Teile teilt und diese Teilstrecke n-mal nach der durch das Vorzeichen bestimmten Seite von O aus abträgt. Die Zahl x heißt die Koordinate des zugeordneten Punktes.

Dank der Verteilung der Punkte mit rationalen Koordinaten auf der Zahlengeraden werden auch die Punkte P, für welche OP zu OE *inkommensurabel* ist (und solche gibt es, weil ja die Diagonale des Quadrates mit der Seite OE zu OE inkommensurabel ist)[1] einer Beschreibung mit Hilfe von Zahlen zugänglich. So ein Punkt P ruft nämlich eine Zerlegung der Punkte Q mit rationalen Koordinaten hervor, nämlich in die Klasse derjenigen Punkte Q mit $Q < P$ und in die Klasse derjenigen Q mit $P < Q$. Damit sind auch die rationalen Zahlen selbst in zwei Klassen $\mathfrak{X}$, $\mathfrak{X}'$ zerlegt und zwar so, daß jede Zahl x aus $\mathfrak{X}$ kleiner als irgendeine Zahl x' aus $\mathfrak{X}'$ ist. Eine solche Einteilung der rationalen Zahlen in zwei Klassen heißt ein *Dedekindscher Schnitt* oder kurz ein Schnitt, und wir sehen, daß sich jedem Punkt P mit Hilfe der Punkte O und E ein Schnitt zuordnen läßt. Nimmt man die willkürliche Bevorzugung der Zahl 10

[1] Siehe Seite 19, Anmerkung.

in Kauf, so kann man sich zur Beschreibung von P auf die Einteilung der Punkte Q mit Koordinaten der Form $m/10^n$ beschränken. Die Punkte mit diesen Koordinaten liefern für jedes n ein äquidistantes System von Punkten, und es gibt daher für jedes n einen größten Wert d_n, der einen Punkt Q_n mit $Q_n < P$ bestimmt, während der Punkt Q_n' mit der Koordinate $d_n + 1/10^n$ der Anordnungsbeziehung $P < Q'_n$ genügt. Die Strecken $Q_n\, Q'_n$ der Länge $1/10^n$ sind ineinander geschachtelt und der Punkt P ist in allen diesen unendlich vielen Strecken enthalten. Den Zahlen d_n insgesamt läßt sich ein unendlicher Dezimalbruch zuordnen, denn d_{n+1} geht aus d_n durch Vermehrung um einen Bruch $\mathfrak{z}/10^{n+1}$, wo $\mathfrak{z}$ eine Ziffer ist, hervor.

Vom Standpunkt des praktischen Messens und Rechnens aus gesehen, bietet die Verwendung der Dezimalbrüche und der Einschachtelung von P keine Schwierigkeit und da das Interesse sich ohnehin auf die angenäherte Bestimmung von Größen einschränkt, bilden die den Punkten zugeordneten unendlichen Dezimalbrüche (und folglich auch die Schnitte, aus denen sich ja die Dezimalbrüche entnehmen lassen) einen mehr als ausreichenden Ersatz für die Koordinatenzahl der Punkte mit kommensurabelm OP.

Nach unserer Analyse der Beziehungen von Anschauung und Denken wird man darin aber nicht mehr als einen Fingerzeig für die Untersuchung der unendlichen Dezimalbrüche und der Schnitte von rationalen Zahlen sehen. In der Tat reichen die Schwierigkeiten, die dabei auftauchen, bis in die Fundamente der Logik hinein und sind von der Anschauung aus nicht zu verstehen. Aber das Ergebnis ist einfach genug und klingt beinah wie eine Selbstverständlichkeit: Die geordnete Menge der Punkte einer gerichteten Geraden mit der Kongruenzbeziehung der Strecken auf ihr und die *Gesamtheit der* sogenannten *reellen Zahlen* lassen sich so erklären, daß nach Auswahl von zwei Punkten O, E jedem Punkt P eine reelle Zahl x als Koordinate zugeordnet ist, die positiv oder negativ ist, je nach dem $O < P$ oder $P < O$ ist, und deren Betrag gleich der Länge von OP gemessen in der Einheitsstrecke OE ist. Dabei gehört zu einer nicht rationalen Zahl x genau ein Schnitt und zu jedem Schnitt genau eine reelle Zahl. Haben P_1, P_2 bzw. die Koordinaten x_1, x_2, so ist die Länge der Strecke $P_1\, P_2$ gleich dem Betrag von $x_2 - x_1$, und $x_2 - x_1$ ist positiv oder negativ, je nachdem $P_1 < P_2$ oder $P_2 < P_1$ ist. Die Zahlengerade stellt also auf Grund der reellen Zahlen zwischen der Geometrie auf der Geraden und den Zahlen eine Korrespondenz her, die an formaler Durchsichtigkeit nichts zu wünschen übrig läßt.

* * *

Nun bilden aber zwei aufeinander senkrecht stehende Zahlengeraden durch den Punkt O ein Bezugssystem in der Ebene, das erlaubt, jedem Punkte in der Ebene zwei Zahlen x, y zuzuordnen, indem man nämlich durch den Punkt die Parallelen zu den beiden Zahlengeraden, die wir nun Koordinatenachsen nennen, zieht und mit den Achsen je in P_x und P_y zum Schnitt bringt und den gerichteten Strecken OP_x und OP_y mit Hilfe der Einheitspunkte E_x, E_y auf den Achsen die Zahlen x, y zuordnet. Umgekehrt entspricht dann auch jedem Paar reeller Zahlen x, y ein Paar von Punkten P_x, P_y und ein Punkt P in der Ebene und es muß daher offenbar möglich sein, die geometrischen Relationen zwischen Punkten in analytische Relationen zwischen ihren Koordinaten zu übersetzen und umgekehrt aus rechnerischen Beziehungen zwischen Koordinaten auf geometrische Eigenschaften von Punkten zu schließen. Wie sich in der analytischen Geometrie der Ebene zeigt, bietet diese Übersetzung ebensowenig Schwierigkeiten wie die Verwendung der analytischen Hilfsmittel zur Lösung geometrischer Aufgaben.

Doch so durchsichtig dieser Ansatz von der Geometrie aus ist, so problematisch wird die dadurch entdeckte Korrespondenz zwischen Zahl und Raum, sobald man bedenkt, daß der analytische Apparat ja ein volles Äquivalent der Geometrie darstellen muß, und daraus Konsequenzen zieht. Sobald die Übersetzung der Geometrie in die Analysis gelungen und es bewiesen ist, daß die Koordinaten der Punkte, die auf einer Geraden liegen, eine lineare Gleichung

$$ax + by + c = 0$$

erfüllen und jeder solchen Gleichung eine Gerade entspricht und daß die Koordinaten der Punkte, die auf dem Kreis mit dem Mittelpunkt a, b und dem Radius r liegen, die Gleichung

$$(x - a)^2 + (y - b)^2 = r^2$$

erfüllen und umgekehrt jede solche Gleichung einem Kreis entspricht, eröffnet sich nämlich offenbar *die Möglichkeit, die analytische Geometrie* als reine Theorie *ohne Benutzung der Euklidischen Ebene* und der Grundsätze der Euklidischen Geometrie *zu definieren*. Denn was hindert uns, die Zahlenpaare x, y insgesamt als Elemente zu nehmen und eine analytische Gerade als die Menge der Zahlenpaare, die einer Gleichung

$$ax + by + c = 0$$

genügen, und einen analytischen Kreis als die Menge der Zahlenpaare, die einer Gleichung

$$(x - a)^2 + (y - b)^2 = r^2$$

genügen, zu definieren und so eine Theorie dieser Gegenstände und deren Beziehungen zu begründen. Das analytische Äquivalent der Konstruktion mit Zirkel und Lineal ist dann die Bestimmung von Elementen durch Auflösung linearer und quadratischer Gleichungen der angegebenen Art, und diese muß derselben Gesetzlichkeit genügen wie die Konstruktion mit Zirkel und Lineal in der durch Grundsätze definierten Euklidischen Geometrie. Haben wir doch zuvor die angegebenen analytischen Gebilde als analytisches Äquivalent der Euklidischen Punkte, Geraden und Kreise nachgewiesen.

So vermittelt das Koordinatensystem eine Korrespondenz zwischen Zahl und Raum, die viel reicher ist, als die Korrespondenz zwischen den reellen Zahlen und den Punkten und Strecken einer Zahlengeraden. Sie verweist uns einerseits auf den fundamentalen Charakter, den die algebraischen Eigenschaften von Geraden und Kreisen haben müssen, und legt uns nahe, über diesen Charakter auch von der üblichen Vorstellung der Euklidischen Geometrie aus nachzudenken. Sie macht uns andrerseits auf *die Möglichkeit einer rein analytischen Definition der Geometrie* aufmerksam und stellt uns die Aufgabe, diese Möglichkeit auch von der Analysis her zu verstehen und nach einer Definition der analytischen Geometrie zu suchen, die mehr als eine Ablösung eines aus der Geometrie gewonnenen analytischen Apparates ist.

Einen Fingerzeig auf die Eigenschaft der Ebene, die dabei eine Verdeutlichung erfährt, gibt uns die Tatsache, daß die Einführung der Koordinaten x, y für Punkte P, von der Geometrie aus beurteilt, einen Akt der Willkür enthält. Denn es gibt unendlich viele zueinander kongruente senkrechte Achsenpaare, die als Koordinatensysteme verwendet werden können, und also auch unendlich viele Möglichkeiten, denselben analytischen Apparat, der ja von der Willkür der Auswahl des Koordinatensystems unabhängig ist, mit der Ebene in Korrespondenz zu setzen. Deswegen können wir ausgezeichnete Abbildungen der Punkte der Ebene aufeinander stiften, indem wir irgend zwei solche Koordinatensysteme auswählen und jedem Punkt P denjenigen Punkt P′ zuordnen, der im zweiten System dieselben Koordinaten hat wie P im ersten. Bei einer solchen Abbildung müssen alle geometrischen Eigenschaften erhalten bleiben, weil die Koordinaten entsprechender Punkte ja dieselben Zahlen sind und deswegen dieselben analytischen Bedingungen (die die geometrischen Eigenschaften ja charakterisieren) erfüllen. Die Existenz solcher Abbildungen ist der prägnante Ausdruck für die Homogenität der Euklidischen Ebene. Der Zusammenhang zwischen den unendlich vielen Möglichkeiten, an Stelle von Koordinaten x, y andere Koordinaten x', y' einzuführen, die je der Einführung eines neuen Koordinatensystems entsprechen, muß sich nun aber auch analytisch fassen lassen. Dies analytische Äquivalent der Homogenität der Ebene stellt sich dann, wie wir sehen werden, als das vernünftige Mittel zur analytischen Definition der Euklidischen Geometrie heraus, das schon im Ansatz als angemessen zu verstehen ist.

* * *

Bei der Durchführung des entworfenen Programms kommt uns eine merkwürdige Tatsache zustatten, nämlich die Existenz einer Gattung von Zahlen, der sogenannten komplexen Zahlen, die sich wie die Punkte der Euklidischen Ebene durch Paare reeller Zahlen x, y repräsentieren und deshalb sich nach Wahl eines Achsenkreuzes eindeutig auf die Punkte der Ebene abbilden lassen.

Setzen wir uns zunächst mit dieser Tatsache selbst auseinander. Die sogenannten komplexen Zahlen $z = x + iy$ verdienen deswegen, Zahlen genannt zu werden, weil es für sie zwei Verknüpfungen, eine Addition $z_1 + z_2$ und eine Multiplikation $z_1 z_2$ gibt, die den folgenden Rechengesetzen genügen:

I. Gesetze der Addition

1. *Ausführbarkeitsaxiom. Zu je zwei Elementen* z_1, z_2 *gibt es ein drittes Element* z_{12}, *so daß*

$$z_1 + z_2 = z_{12}$$

ist.

2. *Kommutatives Gesetz. Für alle Elemente* z_1, z_2 *gilt*

$$z_1 + z_2 = z_2 + z_1 .$$

3. *Assoziatives Gesetz. Für irgend drei Elemente* z_1, z_2, z_3 *gilt*

$$(z_1 + z_2) + z_3 = z_1 + (z_2 + z_3) .$$

4. *Es gibt ein Element* 0 *mit* $z + 0 = z$ *für alle* z.

5. *Zu jedem Element* z *gibt es ein entgegengesetzt gleiches* $-z$, *für das*

$$z + (-z) = 0$$

ist.

II. Gesetze der Multiplikation

1. *Ausführbarkeitsaxiom. Zu je zwei Elementen* z_1, z_2 *gibt es ein drittes Element* z_{12}, *so daß*

$$z_1 z_2 = z_{12}$$

ist.

2. *Kommutatives Gesetz. Für alle Elemente* z_1, z_2 *gilt*

$$z_1 z_2 = z_2 z_1 .$$

3. *Assoziatives Gesetz. Für irgend drei Elemente* z_1, z_2, z_3 *gilt*

$$(z_1 z_2) z_3 = z_1 (z_2 z_3) .$$

4. *Es gibt ein Element* 1 *mit* $z 1 = z$ *für alle* z.

5. *Für alle* $z \neq 0$ *gibt es ein inverses Element* z^{-1} *mit*

$$z^{-1} z = 1 .$$

III. Distributives Gesetz

Für irgend drei Elemente z_1, z_2, z_3 *gilt*

$$z_1 (z_2 + z_3) = z_1 z_2 + z_1 z_3 .$$

Diese Axiome heißen die Körperaxiome und eine Gesamtheit von Elementen, für die zwei Verknüpfungen erklärt sind, die diesen Axiomen genügen, heißt ein Körper.

Das einfachste Beispiel eines Körpers ist die Gesamtheit der rationalen Zahlen mit den üblichen rationalen Rechenoperationen der Addition und Multiplikation, die bekanntlich den Regeln I 1, 2, 3, II 1, 2, 3, III genügen und die nach den Regeln über die Ausführbarkeit der Subtraktion und Division auch die Axiome I 4, 5, II 4, 5 erfüllen. Die Tragweite der Körperaxiome ergibt sich aus der Bedeutung der Buchstabenrechnung für das Rechnen mit rationalen Zahlen. Alle die von dort her bekannten Regeln wie

$$(a + b)^2 = a^2 + 2ab + b^2$$

folgen nämlich aus den Körperaxiomen und die Körperaxiome lassen sich kurz dahin charakterisieren, daß sie gerade die elementaren Regeln der Buchstabenrechnung garantieren. Auch die reellen Zahlen bilden einen Körper.

Wir erklären nunmehr die Addition und die Multiplikation der komplexen Zahlen $z_1 = x_1 + i y_1$, $z_2 = x_2 + i y_2$ durch die Festsetzung, daß

$$z_1 + z_2 = x_1 + x_2 + i (y_1 + y_2) ,$$
$$z_1 z_2 = x_1 x_2 - y_1 y_2 + i (x_1 y_2 + y_1 x_2)$$

sein soll. Unter der komplexen Zahl 0 werde $0 + i0$ und unter der komplexen Zahl 1 werde $1 + i0$ verstanden. Die zu z entgegengesetzt gleiche Zahl ist $-x + i(-y)$ und die zu $z \neq 0$ inverse Zahl ist

$$\frac{x}{x^2+y^2} + i\frac{-y}{x^2+y^2},$$

die sich bilden läßt, weil aus $x^2 + y^2 = 0$ folgt, daß $x = y = 0$ und also $z = 0$ ist.

Wir behaupten, daß die Gesamtheit der komplexen Zahlen mit den angegebenen Verknüpfungen einen Körper bildet. Der Nachweis erfordert die Prüfung der elf Körperaxiome, die keine prinzipielle Schwierigkeit bietet, weil die Verknüpfungen der komplexen Zahlen durch gewisse Verknüpfungen reeller Zahlen erklärt sind und also nur elementare Rechnungen mit reellen Zahlen zu prüfen sind. Die beiden Ausführbarkeitsaxiome ergeben sich unmittelbar. Das kommutative Gesetz der Addition folgt aus demselben Gesetz für die reellen Zahlen. Um das kommutative Gesetz der Multiplikation zu prüfen, berechnen wir

$$z_2 z_1 = x_2 x_1 - y_2 y_1 + i(x_2 y_1 + y_2 x_1)$$

und stellen fest, daß nach den Regeln für reelle Zahlen in der Tat $z_1 z_2 = z_2 z_1$ ist. Das Axiom I 4 ist für $0 + i0$ erfüllt und das Axiom II 4 für $1 + i0$, letzteres, weil

$$z(1 + i0) = x\,1 - y\,0 + i(x\,0 + y\,1)$$

ist. Nun folgt auch I 5 und II 5, letzteres, weil

$$x \cdot \frac{x}{x^2+y^2} - y \cdot \frac{-y}{x^2+y^2} + i\left(x \cdot \frac{-y}{x^2+y^2} + y \cdot \frac{x}{x^2+y^2}\right) = 1 + i0$$

ist. Die Regel I 3 folgt aus dem entsprechenden Gesetz für reelle Zahlen. Bleiben die Regeln II 3 und III, die etwas umständlicher aber ohne Schwierigkeit nachzurechnen sind und deswegen hier übergangen werden mögen. Beachtung verdient, daß

$$(0 + i1)(0 + i1) = -1 + i0$$

ist und im Bereich der komplexen Zahlen die Gleichung

$$z^2 = -1 + i0$$

die zwei Wurzeln $0 + i1$, $0 + i(-1)$ besitzt. Die Schreibweise läßt sich nachträglich vereinfachen, indem wir 0 für $0 + i0$, x für $x + i0$, iy für $0 + iy$ schreiben. Die komplexen Zahlen $x + i0$ gehen dabei in die reellen Zahlen x über und die Wurzeln von $z^2 = -1$ sind i und $-i$.

Zur Bestimmung weiterer Rechenregeln führt man den Absolutbetrag

$$|z| = +\sqrt{x^2 + y^2} = r$$

ein. Für

$$\xi = x/r \quad \eta = y/r$$

ist dann $\xi^2 + \eta^2 = 1$ und nach bekannten Sätzen der Analysis gibt es daher eine reelle Zahl φ, für die

$$\xi = \cos\varphi, \quad \eta = \sin\varphi$$

ist. Die Zahl φ heißt der Arcus von z, in Zeichen

$$\varphi = \operatorname{arc} z.$$

Absolutbetrag und Arcus bestimmen z. Denn es ist

$$x = r\cos\varphi, \quad y = r\sin\varphi.$$

Berechnen wir das Produkt $z_1 z_2$ aus $r_1, \varphi_1, r_2, \varphi_2$. Durch Einsetzen ergibt sich

$$\begin{aligned} z_1 z_2 = {} & r_1 r_2 (\cos\varphi_1 \cos\varphi_2 - \sin\varphi_1 \sin\varphi_2) \\ & + i\, r_1 r_2 (\cos\varphi_1 \sin\varphi_2 + \sin\varphi_1 \cos\varphi_2). \end{aligned}$$

Nun wenden wir die bekannten Additionstheoreme der Funktionen $\sin\varphi$, $\cos\varphi$ an und erhalten

$$z_1 z_2 = r_1 r_2 \cos(\varphi_1 + \varphi_2) + i\, r_1 r_2 \sin(\varphi_1 + \varphi_2).$$

Der Absolutbetrag $|z_1 z_2|$ ist also gleich $|z_1|\,|z_2|$ und

$$\operatorname{arc} z_1 z_2 = \operatorname{arc} z_1 + \operatorname{arc} z_2.$$

Insbesondere ist

$$|z^{-1}| = |z|^{-1} \quad \text{und} \quad \operatorname{arc} z^{-1} = -\operatorname{arc} z.$$

* * *

Nun zur geometrischen Deutung. Nach Wahl eines Koordinatensystems entspreche der Zahl z der Punkt P mit den Koordinaten x, y. Eine so ausgestattete Euklidische Ebene wird in Analogie zum Terminus Zahlengerade Gaußsche Zahlenebene genannt. Die x-Achse heißt die Achse des Reellen, die y-Achse Achse des Imaginären. Der Absolutbetrag $r = |z|$ ist der Abstand des Punktes P vom Ursprung des Koordinatensystems. Der Arcus von z ist das Winkelmaß des Winkels zwischen der Achse des Reellen und dem Strahl vom Ursprung nach P, gemessen in dem dem Urzeigersinn entgegengesetzten Umlaufsinn. Die Zahlen r, φ sind also die sogenannten Polarkoordinaten von P.

Zwecks Übersetzung der Addition und Multiplikation in geometrische Prozesse schreiben wir statt $z_1 + z_2 = z_{12}$ bzw. statt $z_1 z_2 = z_{12}$

$$z' = z + c, \quad \text{bzw.} \quad z' = cz$$

und deuten dies je als eine Vorschrift, welche dem Punkt P mit den Koordinaten x, y oder der komplexen Koordinate $z = x + iy$, wie wir nun auch sagen können, den Punkt P' mit der Koordinate $z' = x' + iy'$ zuordnet. So entsprechen also jeder komplexen Zahl c zwei wohlbestimmte Abbildungen der Punkte der Ebene.

Um die Abbildung $z' = z + c$ zu beschreiben, setzen wir $c = a + ib$ und $z^* = z + a$. Dann ist $z' = z^* + ib$. In reellen Koordinaten ist dann $x^* = x + a$, $y^* = y$. Der z^* entsprechende Punkt P* liegt also auf derselben Parallelen zur Achse des Reellen wie P und geht aus P hervor, indem eine Strecke, deren Länge gleich dem Betrag von a ist, nach der durch das Vorzeichen von a bestimmten Richtung auf der Parallelen von P aus abgetragen wird. Ist O* der Punkt, der dabei aus O hervorgeht, so bilden die Punkte OPO*P* ein Parallelogramm und man erkennt daran, daß die komplexe Koordinate von P* in dem achsenparallelen Koordinatensystem mit dem Anfangspunkt O* gleich z ist. Man erhält danach die Abbildung für alle Punkte P gleichzeitig, indem man die Ebene so in sich verschiebt, daß das ursprüngliche Achsenkreuz durch O in das parallele und gleichgerichtete durch O* übergeht und die Punkte mit gleichen Koordinaten in diesen Systemen einander zugeordnet werden. Analoges gilt für die Abbildung $z' = z^* + ib$. Setzt man beide Prozesse zusammen, so entsteht eine Abbildung, bei welcher das ursprüngliche Achsenkreuz in das dazu parallele und gleichgerichtete mit dem Ursprung O' übergeht. Eine solche Abbildung heißt *eine Translation.*

Man kann den Punkt P' aus P auch durch Streckenabtragung finden. Sind $z_1 = x_1 + iy_1$, $z_2 = x_2 + iy_2$ die Koordinaten von P_1, P_2, so nennt man $x_2 - x_1$, $y_2 - y_1$ die Komponenten der gerichteten Strecke $P_1 P_2$. Die Strecken P P' haben alle dieselben Komponenten a, b und man findet also P' aus P durch Abtragen einer Strecke mit dem Komponenten a, b.

Um die Abbildung $z' = cz$ mit $c \neq 0$ zu beschreiben, setzen wir

$$z^* = |c|\, z, \quad z' = \frac{c}{|c|} z^*.$$

Die durch $z^* = |c|\, z$ bestimmte Abbildung läßt den Ursprung des Koordinatensystems fest und der Punkt P mit dem Abstand r vom Ursprung geht in P^* mit dem Abstand $|c|\,r$ auf demselben Strahl vom Ursprung aus über. Das ist eine Streckung, bei der jede Figur in eine ähnliche übergeht. Bei der Transformation

$$z' = \frac{c}{|c|} z^* \quad \text{gilt} \quad |z'| = \left|\frac{c}{|c|} z^*\right| = |z^*|\,.$$

Der Abstand der Punkte P' und P^* vom Ursprung ist also derselbe, sie liegen beide auf demselben Kreis um den Ursprung. Andrerseits ist

$$\operatorname{arc} z' = \operatorname{arc} c + \operatorname{arc} z^*$$

und setzen wir $\operatorname{arc} c = \gamma$, so sieht man, daß der Strahl OP' mit dem Strahl OP^* einen Winkel vom Winkelmaß γ bestimmt und P' aus P^* durch Abtragen dieses Winkels auf dem zugehörigen Kreis von P^* aus gefunden wird. Ist E' der Punkt, der dabei aus dem Einheitspunkt E der Achse des Reellen hervorgeht, so ist der Winkel des Strahls OE' mit dem Strahl OP' derselbe wie der Winkel des Strahls OE mit dem Strahl OP^*. Daher kann man die Abbildung im ganzen erhalten, indem man die ganze Ebene so um den Punkt O dreht, daß OE in OE' übergeht und die Punkte mit gleichen Polarkoordinaten bezüglich der beiden durch OE und OE' bestimmten Koordinatensysteme gleichen Umlaufsinns einander zugeordnet werden. Eine solche Abbildung heißt eine *Drehung*, genauer eine Drehung um den Punkt O und um den Winkel γ, und die durch $z' = cz$ vermittelte Abbildung dementsprechend eine *Drehstreckung.*

Überblicken wir die hergestellte Korrespondenz zwischen Zahl und Raum und beurteilen sie von dem Ziel aus, das uns vorschwebt, so bemerken wir, daß nur die erste Deutung der komplexen Zahlen als Koordinaten in der Euklidischen Ebene unmittelbar durch die Zahlengerade vermittelt wird und daß die beiden anderen Deutungen auf feinere Zusammenhänge zwischen Algebra und Geometrie hinweisen. Denn es sind nicht mehr Punkte, die den Zahlen entsprechen, sondern Abbildungen oder Transformationen, und zwar Abbildungen, denen geometrisches Interesse zukommt, weil sie die Figuren der Ebene in kongruente oder ähnliche überführen. Und diese Transformationen, über welche die elementare Geometrie keine direkten Aussagen macht, müssen es also sein, durch welche der algebraische Charakter der Geometrie verständlich wird.

Fassen wir zunächst die analytische Darstellung dieser Transformationen noch einmal ins Auge! Die Transformationen $z' = z + c$ sind umkehrbar, denn es ist $z = z' - c$. Es läßt sich eine Verknüpfung zweier solcher Transformationen

$$z' = z + c_1, \quad z'' = z' + c_2$$

erklären, die darin besteht, daß man erst die eine und dann die andere ausführt, also

$$z'' = (z + c_1) + c_2$$

bildet. Das Ergebnis ist wieder eine Transformation der angegebenen Art. Denn nach dem Axiom I 3 ist

$$z'' = z + (c_1 + c_2).$$

Die Verknüpfung ist kommutativ und assoziativ, wie man leicht nachrechnet, und die identische Transformation $z' = z = z + 0$ spielt die Rolle des Null-Elementes. Die Transformationen $z' = z + c$ bilden also eine Gesamtheit von Elementen mit einer Verknüpfung, welche den Regeln I 1 bis 5 genügt, sofern man das Zeichen + als Symbol der Verknüpfung liest. *Eine Gesamtheit von Elementen mit einer Verknüpfung, welche den Regeln* I 1, 3, 4, 5 *genügt, heißt eine Gruppe. Gilt auch* I 2, *so heißt die Gruppe kommutativ oder eine Abelsche Gruppe. Die Transformationen* $z' = z + c$ *bilden* also *eine kommutative Gruppe.*

Ganz ähnlich sieht man, daß die Drehstreckungen $z' = cz$ mit $c \neq 0$ bei der Zusammensetzung

$$z' = c_1 (c_2 z) = (c_1 c_2) z$$

eine kommutative Gruppe bilden. Die Drehungen mit $|c| = 1$ bilden ihrerseits eine kommutative Gruppe.

* * *

Nun wollen wir die gefundenen Transformationen geometrisch charakterisieren. Unter „Bewegungen" verstehen wir solche eindeutige Transformationen T (P) = P′ der Punkte der Ebene, welche die Abstände der Punkte unverändert lassen. Die auf Seite 35 durch zwei verschiedene Achsenkreuze bestimmten Abbildungen sind danach Bewegungen. Umgekehrt gehen bei Bewegungen Geraden stets in Geraden über, weil sich die Abstände von Punkten nur bei Punkten auf derselben Geraden addieren. Ferner gehen rechte Winkel in rechte Winkel über, weil der Satz des PYTHAGORAS nur für rechtwinklige Dreiecke gilt, und folglich gehen bei Bewegungen rechtwinklige Achsenkreuze wieder in solche über. Hieraus folgt, daß jede Bewegung sich als eine in der oben angegebenen Art durch Achsenkreuze bestimmte Transformation darstellen läßt.

Nun kann man eine Drehung um den Punkt O als eine Bewegung erklären, welche den Punkt O festläßt und den Umlaufsinn erhält. Damit ist der Satz „Die Drehungen der Euklidischen Ebene um einen Punkt O der Ebene bilden eine kommutative Gruppe" zu einem rein geometrischen Satz geworden. Die darin benannte *Gruppeneigenschaft* der Drehungen ist die algebraische Eigenschaft, auf die es uns ankommt. Translationen lassen sich als Bewegungen erklären, bei denen jede Gerade in eine parallele gleich gerichtete übergeht. Es folgt dann, daß die durch $z' = z + c$ erklärten Abbildungen alle Translationen liefern. Schließlich gewinnen wir eine analytische Darstellung *aller* Bewegungen, indem wir den Übergang von einem Achsenkreuz KS zu einem Achsenkreuz K'S' über ein Achsenkreuz K*S* vermittelt denken, welches etwa denselben Ursprung wie KS und beziehungsweise parallele und gleichgerichtete Achsen mit K'S' hat. Es ergibt sich dann sogleich: *Jede durch zwei Achsenkreuze* gleichen Umlaufsinns vermittelte Bewegung läßt sich aus einer Drehung und einer Translation zusammensetzen und daher analytisch durch $z' = cz + d, |c| = 1$ darstellen. Also folgt: *Jede Bewegung, welche den Umlaufsinn erhält, läßt sich analytisch durch*

$$z' = c z + d, \quad |c| = 1$$

mit geeignetem c darstellen.

Die Bewegungen, welche den Umlaufsinn erhalten, bilden eine Gruppe $\mathfrak{B}$. Der Beweis läßt sich einerseits direkt auf die Definition der Bewegungen und die Feststellung gründen, daß zwei solche Bewegungen hintereinander ausgeführt wieder eine solche Bewegung liefern, weil die zusammengesetzte Transformation wieder eindeutig ist und ebenfalls die Abstände und den Umlaufsinn erhält. Auch die Assoziativität der Zusammensetzung der Transformationen und die Existenz der inversen Transformation ist leicht begrifflich einzusehen. Analytisch führt man den Beweis, indem man aus der analytischen Darstellung von zwei Bewegungen, die den Umlaufsinn erhalten,

$$z' = c_1 z + d_1 \text{ und } z'' = c_2 z' + d_2$$

die Darstellung der zusammengesetzten Bewegung zu

$$z'' = (c_1 c_2) z + (c_2 d_1 + d_2)$$

berechnet. Die Assoziativität bestätigt man durch Nachrechnen. Die zu $z' = cz + d$ inverse Transformation ist $z = c^{-1}z - c^{-1}d$.

Eine Bewegung, welche den Umlaufsinn umkehrt, ist die *Spiegelung* Σ an der Achse des Reellen, die durch

$$x' = x, \quad y' = -y$$

dargestellt wird. Ist T irgend eine Bewegung, welche den Umlaufsinn umkehrt, so ist die Bewegung $T\Sigma$, die entsteht, wenn erst Σ und dann T

ausgeführt wird, eine solche, welche den Umlaufsinn zweimal umkehrt, also erhält und also gleich einer Bewegung B aus $\mathfrak{B}$ ist, in Zeichen $T\Sigma = B$. Bilden wir nun $T\Sigma\Sigma = B\Sigma$ und beachten, daß $\Sigma\Sigma$ die identische Transformation ist, so ergibt sich $T = B\Sigma$. Daraus läßt sich die analytische Darstellung von T bestimmen.

Die Gesamtheit der Bewegungen bildet eine Gruppe, sie zerfällt in zwei Klassen von Elementen, nämlich die Klasse der Bewegungen, welche den Umlaufsinn erhalten und ihrerseits eine Gruppe bilden, und in die Klasse der Bewegungen, welche den Umlaufsinn umkehren und sich aus den Elementen der ersten Klasse mit Hilfe einer einzigen Spiegelung ergeben.

Aus der Erklärung der Bewegungen einerseits und der Erklärung der Kongruenz für Dreiecke andrerseits ergibt sich der Satz: Zwei Dreiecke sind dann und nur dann kongruent, wenn es eine Bewegung gibt, welche das eine Dreieck in das andere überführt. Analoge Sätze gelten für beliebige Figuren, Strecken, Winkel, Vierecke usf. Daraus folgt, daß sich die Kongruenz aus den Bewegungen erklären läßt und daß die Begründung der Geometrie dadurch erfolgen kann, daß eine direkte Definition der Bewegungen an die Spitze gestellt wird. Nun kennen wir aber eine analytische Darstellung der Bewegungen, welche den Umlaufsinn erhalten, und so kommen wir nun schließlich zu der vernünftigen *analytischen Definition der Euklidischen Geometrie*, die wir suchten. *Die Punkte der Ebene sollen eindeutig den komplexen Zahlen* z *zugeordnet sein und zwei Figuren* F *und* F', *die nur aus endlich vielen Punkten* $P_1, P_2, \ldots, P_n$ *beziehungsweise* $P'_1, P'_2, \ldots, P'_n$ *bestehen, kongruent mit Orientierung heißen, wenn es eine Transformation*

$$z' = c\,z + d\,, \quad |c| = 1$$

gibt, welche die Koordinaten $z_1, z_2, \ldots, z_n$ *der Punkte* $P_1, P_2, \ldots, P_n$ *in die Koordinaten* $z'_1, z'_2, \ldots, z'_n$ *der Punkte* $P'_1, P'_2, \ldots, P'_n$ *überführt.* Ähnlich läßt sich auch die Kongruenz ohne Orientierung erklären.

Die prinzipielle *Bedeutung der Gruppeneigenschaften* zeigt sich bei dem Nachweis, daß die so definierte Kongruenz die formalen Eigenschaften einer Gleichheitsrelation besitzt: Ist F zu F' kongruent, so ist auch F' zu F kongruent, weil es zu jeder analytischen Bewegung eine inverse gibt. Und *ist* F *zu* F' *und* F' *zu* F'' *kongruent, so ist auch* F *zu* F'' *kongruent,* weil die aus zwei Bewegungen zusammengesetzte Transformation dank der Gruppeneigenschaft der Bewegungen wieder eine Bewegung ist.

* * *

Es ist nicht schwierig, aus dieser analytischen Definition der Euklidischen Geometrie die elementaren Begriffe wie z. B. den Abstand von Punkten abzuleiten. Interessanter ist es, neuen geometrischen Begriffsbildungen nachzugehen, auf die uns die Struktur der Bewegungsgruppe hinweist. Wie wir sahen, lassen sich die Translationen durch Abtragen komponentengleicher Strecken beschreiben. Daraus ergibt sich die Möglichkeit eines Rechnens mit gerichteten Strecken in der Ebene, der sog. *Vektorrechnung*, die die Addition gerichteter Strecken auf einer Zahlengeraden als Spezialfall enthält.

Ein Vektor $\mathfrak{v}$ ist eine Klasse komponentengleicher Strecken. Die Komponenten der Strecken können daher auch als Komponenten der Vektoren angesehen werden. Statt des Abtragens einer Strecke mit den Komponenten a, b von einem Punkte P aus spricht man von dem Abtragen eines Vektors mit den Komponenten a, b von P aus. Der Sinn dieser Begriffsbildung tritt hervor, wenn wir nun die Addition des Vektors $\mathfrak{v}_1$ mit den Komponenten a_1, b_1 und des Vektors $\mathfrak{v}_2$ mit den Komponenten a_2, b_2 durch die Festsetzung erklären, daß $\mathfrak{v}_1 + \mathfrak{v}_2$ die Komponenten $a_1 + a_2$, $b_1 + b_2$ haben soll. Es folgt dann sogleich ganz ähnlich wie bei den komplexen Zahlen, daß die Vektoren eine Abelsche Gruppe bilden. Jedem Vektor $\mathfrak{v}$ läßt sich eine wohlbestimmte komplexe Zahl $c = a + i\,b$ zuordnen und ist $\mathfrak{v}_1 + \mathfrak{v}_2 = \mathfrak{v}_{12}$ und sind die zugeordneten komplexen Zahlen c_1, c_2, c_{12}, so ist auch $c_1 + c_2 = c_{12}$. Das gibt eine neue geometrische Deutung der komplexen Zahlen. *Der Translation* $z' = z + c$ *entspricht der durch* c *bestimmte Vektor* $\mathfrak{v}$. Man findet z′ aus z, indem man $\mathfrak{v}$ von z aus abträgt.

Der geometrische Charakter der Vektorrechnung ergibt sich aus der Charakterisierung komponentengleicher Strecken durch geometrische Eigenschaften. Zu zwei komponentengleichen Strecken P_1P_2, $P_1'P_2'$ kann man stets eine solche komponentengleiche Strecke $P_1^*P_2^*$ finden, daß P_1 und P_1^* auf derselben Parallelen zur Achse des Reellen und P_1^* und P_1' auf derselben Parallelen zur Achse des Imaginären liegen. Man erkennt nun, daß sowohl P_1P_2 und $P_1^*P_2^*$ wie $P_1^*P_2^*$ und $P_1'P_2'$ je gleich lang, parallel und gleichgerichtet sind. Also sind komponentengleiche Strecken gleich lang, parallel und gleichgerichtet oder, wie man für dies Tripel von Eigenschaften kurz sagt, sie sind *vektorgleich*, und umgekehrt gilt, wie man leicht feststellt, daß vektorgleiche Strecken auch komponentengleich sind. Das ist die gesuchte geometrische Deutung der Vektoren. Sie erlaubt es, das geometrische Äquivalent für die Rechengesetze der Vektoren zu bestimmen.

Der Geltung des kommutativen Gesetzes der Vektorrechnung entspricht die *Existenz des Parallelogramms.* Trägt man nämlich von P_0 aus erst den Vektor $\mathfrak{v}_1$ nach P_1 und von P_1 den Vektor $\mathfrak{v}_2$ nach P_2 und dann von P_0 aus den Vektor $\mathfrak{v}_2$ nach Q_2 und von Q_2 den Vektor $\mathfrak{v}_1$ nach Q_1 ab, so ist $P_2 = Q_1$ und die gegenüberliegenden Seiten des Vierecks $P_0P_1Q_1Q_2$ sind parallel. Ferner sind die *gegenüberliegenden Seiten eines Parallelogramms* nach elementaren Sätzen *vektorgleich, falls sie gleichgerichtet sind.* Man findet daher die zu PQ vektorgleiche Strecke P′Q′, indem man durch P′ die Parallele zu PQ zieht und mit der Parallelen durch Q zu PP′ in Q′ zum Schnitt bringt. Betrachten wir nunmehr die Figur des kleinen Satzes von DESARGUES, so sehen wir, daß darin gleichzeitig die folgenden Vektorgleichheiten gelten: Die gerichteten Strecken AA′, BB′ und CC′ sind untereinander vektorgleich und es ist AB zu A′B′, BC zu B′C′ und AC zu A′C′ vektorgleich. Man kann den kleinen Satz von DESARGUES daher auf die beiden folgenden Weisen aussprechen: Ist die Strecke AA′ zu BB′ und CC′ vektorgleich, so ist auch BB′ zu CC′ vektorgleich. Und: Ist AB vektorgleich zu A′B′ und BC vektorgleich zu B′C′, so ist auch AC vektorgleich zu A′C′ (Fig. 20). *Der kleine Satz von* DESARGUES ist also *einerseits das geometrische Äquivalent für die Transitivität der Vektorgleichheit und andererseits zugleich das geometrische Äquivalent dafür, daß die geometrische Konstruktion des Summenvektors von der Auswahl des Anfangspunktes unabhängig ist.*

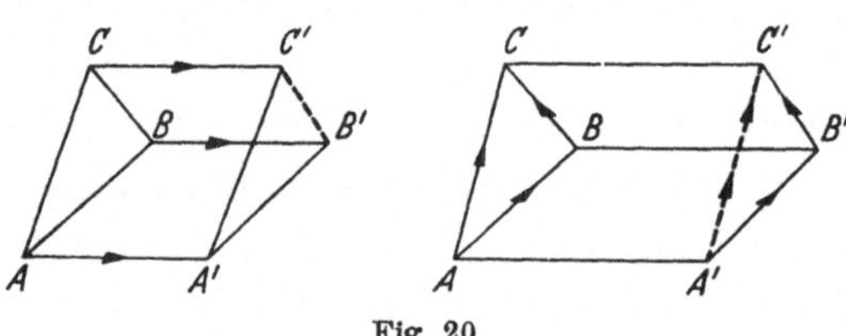

Fig. 20

Die Vektorrechnung ist ein Mittelstück zwischen Geometrie und Analysis und als solches praktisch ebenso wichtig wie theoretisch, ersteres vor allem deswegen, weil sich die Vektorrechnung auch auf den Raum ausdehnen läßt.

* * *

Die analytische Definition der Euklidischen Geometrie besteht in zwei Schritten. Der erste Schritt stattet die Punkte der zu erklärenden Geometrie mit Koordinaten aus, an denen sich zunächst nur erkennen läßt, ob zwei Punkte verschieden sind oder nicht. Der zweite Schritt ist die Erklärung der Kongruenz von Figuren mit Hilfe einer bestimmten Gruppe analytischer Transformationen. Die grundlegenden formalen

Eigenschaften der Kongruenzrelation, ihre Reflexivität, ihre Symmetrie und ihre Transitivität hängen aber nur von Eigenschaften der Transformationen und vorzüglich von der Gruppeneigenschaft der Transformationen ab, und so eröffnet sich mit unserer prinzipiellen Durchleuchtung der Euklidischen Geometrie *ein Weg, von der Analysis aus neue Gebilde zu definieren, die mit der elementaren Geometrie wesentliche Züge gemeinsam haben und deswegen kurz Geometrien genannt werden.* Wir können den zweiten Schritt durch einen anderen ersetzen, *indem wir* an Stelle der Gruppe der Transformationen $z' = cz + d$ mit $|c| = 1$ *irgendeine* andere *Gruppe von Transformationen zur Definition der Kongruenz verwenden.* Dies ist der Gedanke, den FELIX KLEIN im *Erlanger Programm* ausgesprochen hat und der sowohl für die Verfeinerung und Aufgliederung der Geometrie auch der Räume dritter und höherer Dimension fruchtbar wie für die Klärung des Raumbegriffs und der Rolle des Raums in der Physik ausschlaggebend gewesen ist.
Ein einfaches Beispiel gibt die Gruppe $\mathfrak{L}$ der eineindeutigen linearen Transformationen der Gestalt

$$x' = a_{11}x + a_{12}y + a_{10}, \quad y' = a_{21}x + a_{22}y + a_{20}$$

ab, welche auch affine Transformationen heißen und die *ebene Affine Geometrie* bestimmen. Zerlegt man $z' = cz + d$, indem man

$$c = \cos\gamma + i\sin\gamma \quad \text{und} \quad d = a_{10} + i\,a_{20}$$

setzt, so erhält man

$$x' = x\cos\gamma - y\sin\gamma + a_{10}, \quad y' = x\sin\gamma + y\cos\gamma + a_{20}.$$

Darin erkennt man, daß die Bewegungen auch lineare Transformationen sind und die Bewegungsgruppe $\mathfrak{B}$ eine Untergruppe der Gruppe $\mathfrak{L}$, d. h. eine in $\mathfrak{L}$ enthaltene Gruppe ist. Daraus folgt, daß die Affine Kongruenzrelation schwächer ist als die Euklidische Kongruenzrelation oder genauer, daß zwei Euklidisch kongruente Figuren stets affin kongruent, dagegen zwei affin kongruente Figuren nicht notwendig Euklidisch kongruent sind. So kann man nach den in einer Klasse affin kongruenter Figuren vorkommenden Euklidisch kongruenten Figuren fragen. Z. B. sind alle Dreiecke affin kongruent, dagegen nicht alle Vierecke, weil der Parallelismus von Geraden eine Eigenschaft ist, die bei den affinen Transformationen erhalten bleibt. Ferner bilden Kreise und Ellipsen zusammen eine Klasse affin kongruenter Figuren. Die auf Seite 11 formulierten Grundsätze, die besagen, daß es eine und nur eine Gerade durch zwei Punkte gibt und daß es zu jeder Geraden durch einen Punkt außerhalb derselben eine und nur eine Parallele gibt, sind auch Grundsätze der Affinen Geometrie. Der kleine Satz von DESARGUES und die weiteren auf Seite 8 und 12 angegebenen Schließungssätze sind Theoreme der Affinen Geometrie, die zeigen, daß diese Geometrie auch Interesse unter den Gesichtspunkten der elementaren Geometrie verdient. Auch eine Affine Vektorrechnung läßt sich begründen.

Eine umfassendere Gruppe bilden die linear gebrochenen Transformationen. Sie führen zur *Projektiven Geometrie,* in welcher alle Vierecke kongruent sind und Kreise, Ellipsen, Parabeln und Hyperbeln eine Kongruenzklasse von Figuren bilden.

Weniger beachtet wird eine andere Einbettung der Euklidischen Bewegungen in die Gruppe $\mathfrak{M}$ der Möbiusschen Kreisverwandtschaften, welche durch die linear gebrochenen komplexen Transformationen

$$z' = \frac{az + b}{cz + d}$$

definiert werden. Da eine Kreisverwandtschaft mit $c = 0$ und $|a| = |d|$ eine Bewegung ist, so ist die Gruppe $\mathfrak{B}$ der Bewegungen eine Untergruppe von $\mathfrak{M}$. Ist $c = 0$ und $|a| \neq |d|$, so geht die Transformation aus einer Bewegung durch eine Dehnung hervor. Sie führt also jede Figur in eine Euklidisch ähnliche über und heißt deswegen eine äquiforme Transformation. Ist $c \neq 0$, so gibt es einen kritischen Punkt $-d/c$, für welchen der Nenner gleich 0 wird. Um die Eindeutigkeit zu retten, müßte man auch dieser Ausnahmestelle einen Punkt zuordnen können, der nicht unter den für $z \neq -d/c$ gelieferten vorkommen darf und dem ferner bei jeder Transformation

$$z' = \frac{az + b}{cz + d}$$

durch eine zusätzliche Erklärung ein Bildpunkt zugeordnet werden muß. Das ist möglich durch die Hinzufügung des Elementes ∞ zu den komplexen Zahlen und des Punktes P_∞ zu den Punkten der Gaußschen Zahlenebene. Wir setzen fest: Dem Punkt $-d/c$ wird P_∞ zugeordnet. Ferner setzen wir

$$z' = \frac{az + b}{cz + d} = \frac{a + b/z}{c + d/z}$$

und lassen uns von der Vorstellung leiten, daß b/z und d/z gegen 0 streben, wenn z irgendwie ins Unendliche hinauswandert. Dementsprechend setzen wir zweitens fest: Der Bildpunkt von P_∞ sei der Punkt a/c. Die Haltbarkeit dieser Definitionen ergibt sich durch Auflösung der Gleichung nach z. Es ist

$$z = \frac{dz' - b}{-cz' + a}.$$

Der kritische Punkt ist hier a/c, d. h. der Punkt, der P_∞ bei der Ergänzung der Transformation

$$z' = \frac{az + b}{cz + d}$$

zugeordnet war und der Bildpunkt von P_∞ ist $-d/c$ ebenfalls in Übereinstimmung mit der Ergänzung der Transformation

$$z' = \frac{az + b}{cz + d}.$$

Führen wir erst die Abbildung

$$z' = \frac{az + b}{cz + d}$$

und dann die Abbildung

$$z = \frac{dz' - b}{-cz' + d}$$

aus, so ergibt sich durch Kürzung des Nenners $cz + d$

$$z = \frac{ad - bc}{ad - bc} z,$$

eine Gleichung, die nur sinnvoll ist, wenn

$$ad - bc \neq 0$$

ist. Das sei daher nachträglich vorausgesetzt.

Wie man jede Bewegung aus einer Drehung und einer Translation zusammensetzen kann, so läßt sich jede Kreisverwandtschaft aus äquiformen Transformationen und der einen Transformation $z' = 1/z$ zusammensetzen. Ist $c = 0$, so ist die Transformation selbst eine äquiforme. Ist $c \neq 0$ und $a = 0$, so sei $z^* = cz + d$ und $z^{**} = 1/z^*$. Dann ist $z' = bz^{**}$ die gesuchte Darstellung der Transformation. Ist $c \neq 0$ und $a \neq 0$, so ist

$$\frac{az + b}{cz + d} = a/c - \frac{(ad - bc)}{c(cz + d)},$$

und setzen wir $z^* = cz + d$ und $z^{**} = 1/z^*$, so liefert

$$z' = (-(ad - bc)/c)\, z^{**} + a/c$$

die gesuchte Zusammensetzung.

Dies ist nützlich, um zu zeigen, daß die Transformationen tatsächlich *Kreisverwandtschaften* sind. Denn die äquiformen Abbildungen führen ja Geraden in Geraden und Kreise in Kreise über und wir brauchen also nur noch die durch $z' = 1/z$ bestimmte Abbildung zu untersuchen. Wir setzen $z = 1/z'$, zerlegen diese Gleichung in reelle Komponenten und erhalten

$$x = \frac{x'}{x'^2 + y'^2}, \quad y = \frac{-y'}{x'^2 + y'^2}.$$

Diesen Ausdruck setzen wir in die Gleichungen der Geraden und der Kreise in der Ebene ein und erhalten aus $ax + by + c = 0$ durch Multiplikation mit $x'^2 + y'^2$ die Gleichung

$$ax' - by' + c(x'^2 + y'^2) = 0$$

und aus $(x - u)^2 + (y - v)^2 = r^2$ zunächst die Gleichung

$$\frac{x'^2 + y'^2}{(x'^2 + y'^2)^2} - 2\frac{x'u}{x'^2 + y'^2} + 2\frac{y'v}{x'^2 + y'^2} + u^2 + v^2 = r^2$$

und durch Multiplikation mit $x'^2 + y'^2$

$$1 - 2x'u + 2y'v + (u^2 + v^2)(x'^2 + y'^2) = r^2(x'^2 + y'^2).$$

Daraus folgt nach kurzer Rechnung, daß die Bildkurven selbst wieder Geraden oder Kreise sind und zwar Geraden genau, wenn $c = 0$ und $u^2 + v^2 = r^2$ ist. Die Geraden durch den Nullpunkt gehen also wieder in Geraden über, die anderen Geraden in Kreise durch den Nullpunkt und die Kreise durch den Nullpunkt gehen in Geraden über. Insgesamt bilden also Geraden und Kreise zusammen eine Klasse kongruenter Figuren dieser Geometrie.

Wir geben als letztes Beispiel einer Gruppe *die Nichteuklidischen Bewegungen* an, die man aus den linear gebrochenen komplexen Transformationen erhält, wenn man a, b, c, d reell und so wählt, daß

$$ad - bc > 0$$

ist. Bei diesen Transformationen wird die Achse des Reellen in sich abgebildet. Ferner gilt: Ist z zu $\bar{z}$ konjugiert komplex, d. h. $\bar{x} = x$ und $\bar{y} = -y$, so sind auch z', $\bar{z}'$ konjugiert komplex. Deswegen gehen bei diesen Abbildungen solche Kreise und Geraden, die mit einem Punkt z auch den konjugiert komplexen $\bar{z}$ enthalten, wieder in solche Kreise und Geraden über. Diese Kreise und Geraden, die ja anders ausgedrückt bei der Spiegelung Σ an der Achse des Reellen je in sich übergehen und also spiegelbildlich zu dieser Achse liegen, sind leicht zu übersehen. Von den Geraden sind es nur die Parallelen zu der Achse des Imaginären und von den Kreisen diejenigen, die durch die Achse des Reellen halbiert werden und deren Mittelpunkt also auf dieser Achse liegt. Ohne Beweis geben wir an, daß aus der Bedingung $ad - bc > 0$ folgt, daß die obere Halbebene der Punkte mit $y > 0$ bei der Abbildung in sich übergeht. Dementsprechend nehmen wir als Punkte P unsere Geometrie die Punkte der oberen Halbebene und als Pseudogeraden g die zur Achse des Reellen symmetrischen Kreise und Geraden, soweit sie in der oberen Halbebene liegen. Dann gilt der Satz, daß zwei Punkte P_1, P_2 genau eine Pseudogerade g bestimmen, die eine Halbgerade ist, falls P_1 und P_2 dieselbe x-Koordinate haben, und sonst ein Halbkreis, dessen Mittelpunkt durch das Mittellot der Strecke $P_1 P_2$ auf der Achse des Reellen ausgeschnitten wird. Für die Punkte und die Pseudogeraden gelten also die beiden ersten Inzidenzaxiome, die wir auf Seite 11 formulierten. Das Parallelenaxiom aber gilt für die Pseudogeraden nicht. Ist g ein Halbkreis, der die Achse des Reellen in Q_1 und Q_2 trifft, und P ein Punkt, der nicht auf g liegt, so gibt es unendlich viele Pseudogeraden durch P, welche zu g parallel sind, nämlich die Pseudogerade durch P und Q_1, die Pseudogerade durch P und Q_2 und unendlich viele zwischen diesen beiden liegende (Fig. 21). Eine nähere Diskussion der Nichteuklidischen Bewegungen zeigt, daß sich jeder Punkt P in jeden Punkt P′ überführen läßt, daß sich jede Pseudogerade transitiv in sich verschieben läßt und daß sich jede Gerade durch P in jede andere solche durch eine Nichteuklidische Drehung um P überführen läßt. Daraus folgt dann, daß die Nichteuklidische Geometrie in allen Axiomen außer dem Parallelenaxiom mit der Euklidischen Geometrie übereinstimmt.

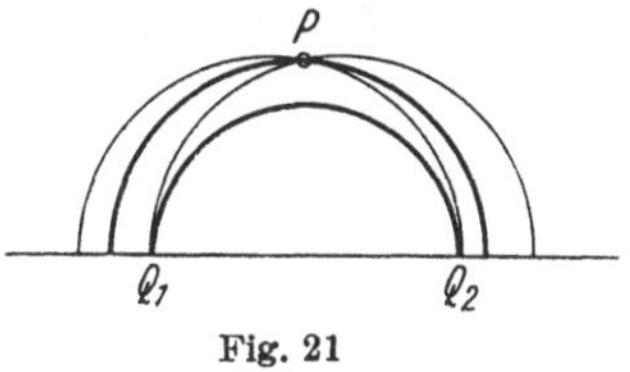

Fig. 21

* * *

Die Entdeckung der Nichteuklidischen Geometrie hat einen tiefgehenden Wandel in unserer Auffassung vom Raum hervorgerufen, den wir durch eine kurze Erörterung der Lehre KANTS von der reinen Anschauung beleuchten wollen. Drei Thesen, die sich auf die Geometrie als mathematische und als physikalische Wissenschaft beziehen, sind es, auf die KANT die sog. transzendentale Deduktion der reinen Anschauung begründet[1]. Sie lauten: Die Urteile der Geometrie sind apodiktisch. Die Urteile der Geometrie sind synthetisch. Die Urteile der Geometrie gelten im Raum der Sinne und der Wirklichkeit. Unter Geometrie ist dabei die Euklidische Geometrie verstanden.

Aus der ersten These folgert KANT, daß die Geometrie nicht auf Erfahrung begründet gedacht werden könne, weil die Erfahrung nicht Einsicht in die Notwendigkeit der Geltung von Sätzen liefert, und aus der zweiten These, daß die Geometrie nicht auf analysierendes Denken allein zurückgeführt werden könne, weil sich durch analysierendes Denken nur analytische Urteile begründen ließen. So ergibt sich für ihn aus den ersten beiden Thesen die Notwendigkeit der Annahme einer Erkenntnisquelle a priori, die Begriffen ein anschauliches Substrat zu

[1] *Kritik der reinen Vernunft.* Die transzendentale Elementarlehre. Erster Teil.

geben vermag. Das ist die Deduktion der reinen Anschauung. Die Geltung der a priori einsichtigen geometrischen Sätze im Raum der Sinne und der Wirklichkeit führt nun weiter zu der Notwendigkeit der Annahme, daß die Anschauung auch der Grund der Geltung der geometrischen Sätze für die Wahrnehmungsdinge und die wirklichen Dinge sei, und das sei nur denkbar, wenn die reine Anschauung die räumliche Gestalt der Dinge bedingt. So kommt KANT zu der Auffassung, daß die wirklichen Dinge der Physik nur Erscheinungen, d. h. Wahrnehmungsdinge seien, deren Gestalt durch die Form der Wahrnehmung a priori bedingt ist und daß die Form der Wahrnehmung oder der Sinnlichkeit, wie er sagt, die vorher als Erkenntnisgrund der Geometrie deduzierte reine Anschauung sei.

Mit der dogmatischen Interpretation der Euklidischen Geometrie und mit der klassischen Physik und der Hypothese des absoluten Raumes Euklidischer Struktur, die NEWTON seiner Mechanik zugrunde legte, stimmt das gut überein. Aber in der von uns vorgetragenen analytisch algebraischen Auffassung der Geometrie und in der neueren Physik findet die Erkenntnistheorie KANTS keine Stütze mehr. Die Urteile der Geometrie sind, sofern sie sich auf den Raum der Wirklichkeit beziehen, der neueren Auffassung nach nicht apodiktisch und sie können nur durch Erfahrung begründet werden. Die Urteile der Geometrie sind als rein mathematische Sätze nicht synthetisch, weil sie nur als Folgerungen aus Axiomen oder algebraisch analytischen Definitionen durch logisches Denken gewonnen werden. Und die Wahrnehmungsdinge und die wirklichen Dinge der Physik lassen sich nicht identifizieren, z. B. weil die erscheinenden Dinge nicht aus Molekülen bestehen, und daher sind auch der Raum der Wahrnehmungsdinge und der Raum der Physik nicht a priori identisch.

Damit ist aber auch der transzendentalen Deduktion der eingeschränkten Behauptung, daß der Raum der Wahrnehmungsdinge ein a priori Euklidischer Raum wäre, der Grund entzogen. Wie der Raum der Wirklichkeit ist auch der Raum der Wahrnehmungsdinge einer experimentellen Untersuchung zugänglich, die zwar von der Physik, aber nicht von Bedingungen a priori der Raumstruktur abhängig ist, und die Ergebnisse dieser Untersuchung verweisen auf ein viel komplizierteres Gefüge des Zusammenspiels von Sinneseindrücken und Motorik hin, als es der Gedanke einer reinen Anschauung als Form der Sinnlichkeit zuläßt. Und das ist nicht verwunderlich. Ist unser Gesichtsfeld doch zweidimensional und wird die Verwandlung des zweidimensionalen in das perspektivische dreidimensionale Bild der Dinge bei der Deduktion der reinen Anschauung doch gar nicht in Betracht gezogen.

IV

ÜBER DEN UNTERSCHIED DER GEGENDEN IM RAUM

In seiner Schrift über den Unterschied der Gegenden im Raume legt KANT einen Beweis für die absolute Existenz des Raumes vor, der auf einen rein geometrischen Sachverhalt, nämlich die Existenz von inkongruenten Figuren, die spiegelbildlich zu einer Ebene liegen, begründet ist. KANT stellt fest, daß zwei solche Figuren, zum Beispiel eine rechte und eine linke Hand, oder eine rechtsgewundene und eine linksgewundene Schraubenlinie, die auf demselben Kreiszylinder verlaufen und dieselbe Ganghöhe haben, in der Lage ihrer Teile übereinstimmen. Über den Sinn dieses Ausdruckes besteht kein Zweifel; er meint: die Punkte der einen Figur F lassen sich eindeutig so den Punkten der anderen Figur F′ zuordnen, daß entsprechende Punktepaare gleichen Abstand haben. In der Tat ist diese Aussage richtig — die Spiegelung ist ja die Zuordnung, die das Verlangte leistet.

Aus der Existenz inkongruenter Spiegelbilder folgt also, daß die Lage der Teile eine Figur nicht vollständig bestimmt. KANT behauptet nun, daß die hinzutretende Bestimmung darin begründet sei, daß die Figur sich im Raum befinde und dadurch zu ihren inneren Eigenschaften, die in der Lage ihrer Teile beruhen, weitere äußere hinzugewönne. Diese äußeren Eigenschaften, die LEIBNIZ übersehen habe, werden dann als eine Beziehung der Figur zu den Gegenden im Raum, das heißt zu den Richtungen links rechts, vorne hinten, unten oben, gedeutet. Der Unterschied der Gegenden im Raume, beziehungsweise die Orientierbarkeit der Geraden, ist also nach der Ansicht KANTS eine räumliche Beschaffenheit, die sich wesentlich nicht auf die Lage der Teile zurückführen läßt.

Gewiß hat KANT damit recht, wenn er sagt, daß seine Theorie der Spiegelbilder auch den Geometer angehe. In der Tat ist die Existenz inkongruenter Spiegelbilder ein geometrischer Sachverhalt, und diesen Sachverhalt nachzuweisen, das heißt auf die Axiome der Geometrie zurückzuführen, ist eine Aufgabe, der sich der Geometer nicht entziehen kann. Bei ihrer Lösung muß sich dann notwendig aber auch die Rolle des Unterschiedes der Gegenden im Raum enthüllen.

Um das Resultat dieser Untersuchung sogleich vorwegzunehmen, es ist dieses: *Die Axiome der Euklidischen Geometrie lassen sich als Aussagen über Abstände von Punkten formulieren*, jeder geometrische Satz ist gleichwertig mit einer Aussage über Abstände von Punkten und LEIBNIZ hatte recht, die geometrischen Eigenschaften der Dinge mit der Lage der Teile der Dinge gleichzusetzen.

Wir beweisen dies in zwei Etappen: In § 1 geben wir die Abstandsaxiome für die Punkte einer Geraden an. Aus diesen folgen die Anordnungsbeziehungen für die Punkte einer Geraden, die sich mit der Relation „zwischen" ausdrücken lassen und die Definition der Halbgeraden ermöglichen. Hieraus läßt sich dann der Unterschied der Gegenden beweisen, nämlich der Satz, daß die Halbgeraden einer Geraden zwei Klassen je gleichgerichteter Halbgeraden bilden und daß sich eine Gerade dementsprechend gerade auf zwei Weisen orientieren läßt.

In § 2 geben wir die im Hinblick auf unser Ziel brauchbaren Axiome für die Euklidische Ebene an und führen den Aufbau der Geometrie soweit durch, daß sich die Vollständigkeit unserer Axiome übersehen läßt. Insbesondere führen wir den Beweis für die Existenz spiegelbildlicher inkongruenter Figuren in der Ebene durch. Nunmehr läßt sich die Beziehung zwischen inkongruenten Spiegelbildern auch im Raume leicht durchschauen. Es zeigt sich, daß KANT irrte und daß eine Figur dadurch, daß sie im Raume liegt, die äußere Eigenschaft, die sie von ihrem inkongruenten Spiegelbilde unterscheidet, nicht gewinnt.

Die Analyse des mathematischen Tatbestandes gibt uns die Mittel in die Hand, die logische Struktur des Kantischen Beweises für die Existenz des absoluten Raumes aufzuhellen (§ 3). Es zeigt sich, daß KANT bei seinen Überlegungen ontologische Thesen zur Begründung von geometrischen Sätzen benützt, und, da einige dieser Sätze unrichtig sind, so bietet sich die Möglichkeit, von der mathematischen Seite her die Ontologie[1] unter Kritik zu stellen. *Es ergibt sich, daß die von* KANT *angenommene Ontologie mit gewissen geometrischen Tatsachen im Widerspruch steht, und zwar deswegen, weil es in ihr als wahr gilt, daß alle Relationen zwischen Gegenständen sich auf Eigenschaften von Gegenständen zurückführen lassen.* Diese These, die zuerst wohl von ARISTOTELES aufgestellt und gegen PLATON verfochten wurde, ist in neuerer Zeit von seiten der mathematischen Logiker oft mit Nachdruck bestritten worden. Aber die philosophische Logik pflegt diese Einwände zu bagatellisieren, und soweit ich weiß, gibt es kein schlagendes Beispiel, aus dem die Trag-

[1] Ontologie ist eine philosophische Disziplin, die Lehre vom Seienden.

weite des genannten logischen Theorems für die Ontologie hervorgeht. Unsere Analyse von Kants Beweis für die Existenz des absoluten Raums ist geeignet, diese Lücke zu schließen. Darin sehe ich den Wert dieser Untersuchung. Zeigt sie doch, daß eine widerspruchsfreie Theorie der Spiegelbilder nur möglich ist, wenn die Irreduzibilität von Relationen auch als ontologische These anerkannt wird.

1. Die Orientierbarkeit der Geraden und der Abstand von Punkten

Wir betrachten den Raum als eine Menge von Punkten, welche einen Abstand a besitzen. Derselbe sei eine positive reelle Zahl. Für zwei Punkte A, B sei a(AB) = a(BA). Es sei a(AB) = 0 nur, wenn A = B ist. Wir stellen uns die Aufgabe, den Raum durch Axiome für Abstände zu charakterisieren und wollen zunächst die Eigenschaften der Punkte auf einer Geraden auf Abstandsbeziehungen begründen.

Zunächst drei Definitionen!

Definition 1. Der Punkt P gehört der *Strecke* AB an, wenn

$$a(AP) + a(PB) = a(AB)$$

ist. Offenbar gehört P alsdann auch der Strecke BA an, dagegen gehört A nicht der Strecke PB und B nicht der Strecke PA an. Statt: P gehört der Strecke AB an, sagt man auch: P liegt zwischen A und B.

Durch den Grundbegriff Strecke definieren wir den Begriff der linearen Abhängigkeit von Punkten.

Definition 2. Drei Punkte heißen *linear abhängig*, wenn einer dieser Punkte der durch die beiden anderen bestimmten Strecke angehört.

Satz 1. Sind A, B, C drei verschiedene linear abhängige Punkte und ist $a(AC) \leqq a(AB)$, so ist entweder $a(BC) = a(AB) + a(AC)$ oder $a(BC) = a(AB) - a(AC)$.

Unter den Zahlen a(BC), a(AC), a(AB) gibt es nämlich zwei, deren Summe gleich der dritten ist. Also ist eine dieser drei Zahlen größer als die beiden anderen. Ist dies a(BC), so gilt die erste der behaupteten Gleichungen. Ist dies nicht der Fall, so ist a(AB) die größte und es ist

$$a(BC) + a(AC) = a(AB);$$

hieraus folgt die zweite behauptete Gleichung. Sie findet nur statt, wenn $a(AB) > a(AC)$. Denn sonst wäre $a(BC) = 0$ und also B = C.

Definition 3. Der Punkt P gehört der *Geraden* AB an, wenn die Punkte A, B, P linear abhängig sind.

Offenbar gehört dann P auch der Geraden BA und A der Geraden PB sowie B der Geraden PA an.

Satz 2. Zwei Punkte bestimmen eine und nur eine Gerade.

Nunmehr können wir die Axiome aussprechen, welche die Abstandsbeziehungen auf einer Geraden festlegen[1].

Geradenaxiom 1. *Auf der Geraden* AB *gibt es einen von* B *verschiedenen Punkt* B′ *mit* a(AB′) = a(AB).

Nach Satz 1 ist a(BB′) = 2a(AB).

Geradenaxiom 2. *Sind* A, B, C *verschiedene Punkte der Geraden* AB *und ist*

$$\mathrm{a}(\mathrm{AC'}) = \mathrm{a}(\mathrm{AC}), \quad \mathrm{a}(\mathrm{BC'}) = \mathrm{a}(\mathrm{BC}), \quad \textit{so ist}\ \mathrm{C} = \mathrm{C'}.$$

Geradenaxiom 3. *Ist* a(PQ) *ein Abstand, so gibt es auf einer Geraden durch den Punkt* A *mindestens einen Punkt* B *mit* a(AB) = a(PQ).

Geradenaxiom 4. *Drei Punkte einer Geraden sind linear abhängig.* Hieraus folgt:

Satz 2′. Zwei Punkte einer Geraden bestimmen dieselbe.

Satz 3. Liegen A, B, B′, B″ auf derselben Geraden und ist a(AB) = a(AB′) = a(AB″) und B von B′ und B″ verschieden, so ist B′ = B″. Nach Geradenaxiom 4 und Satz 1 ist a(BB′) = a(BB″). Da nach Voraussetzung a(AB′) = a(AB″) ist, so folgt nach Geradenaxiom 2, daß B′ = B″ sein muß.

Nach Satz 3 gibt es auf einer Geraden genau zwei Punkte, die von A denselben Abstand besitzen. Unser nächstes Ziel ist, nachzuweisen, daß der Punkt A die Gerade in zwei Halbgeraden zerlegt, welche je einen der beiden Punkte gleichen Abstandes von A enthalten. Wir beweisen hierzu:

Satz 4. Liegen A, B, B′, C auf einer Geraden, ist A ≠ C, B ≠ B′, a(AB) = a(AB′) und a(AC) < a(AB), so ist a(BC) = a(AB) + a(AC) und a(B′C) = a(AB) — a(AC) oder a(BC) = a(AB) — a(AC) und a(B′C) = a(AB) + a(AC).

Nach Geradenaxiom 4 und Satz 1 kommen für a(BC) und a(B′C) nur die beiden angegebenen Werte in Frage. Wäre nun a(BC) = a(B′C), so folgte aus a(BA) = a(B′A) nach Geradenaxiom 2, daß B = B′ ist, also ein Widerspruch. Hieraus folgt die Behauptung.

Satz 4′. Ist a(AB) = a(AB′) und a(AC) > a(AB), so ist entweder a(BC) = a(AB) + a(AC) und a(B′C) = a(AC) — a(AB) oder a(BC) =

[1] Axiomensysteme, die dies leisten, lassen sich natürlich auf verschiedene Weise bilden. Dem Aufbau von Hilbert kämen wir am nächsten, wenn wir zunächst Axiome der Anordnung aufstellten, die sich allein mit der Grundrelation Zwischen aussprechen lassen, dann die Halbgerade definierten und schließlich die Kongruenzaxiome über das Abtragen von Strecken hinzufügten. Für die oben getroffene Auswahl von Axiomen ist ja aber die Aufgabe, den Abstandsbegriff zu beleuchten, maßgebend.

a(AC) — a(AB) und a(B′C) = a(AB) + a(AC). Der Beweis verläuft analog wie der Beweis des Satzes 4.

Definition 4. Zwei Punkte C und D einer Geraden durch A mit a(AC) > a(AD) liegen *auf derselben Seite* von A, wenn a(CD) = a(AC) — a(AD) ist. Zwei verschiedene Punkte mit gleichem Abstand von A liegen also stets auf verschiedenen Seiten von A.

Satz 5. Liegen B′ und C auf verschiedenen Seiten von A und liegen B′ und D auf verschiedenen Seiten von A, so liegen C und D auf derselben Seite von A.

Es sei a(AC) > a(AD). Nach Voraussetzung ist a(B′C) = a(B′A) + a(AC) und a(B′D) = a(B′A) + a(AD), also a(B′C) > a(BD). Es ist a(CD) einerseits entweder gleich a(AC) + a(AD) oder gleich a(AC) — a(AD), andererseits entweder gleich a(B′C) + a(B′D) oder gleich a(B′C) — a(B′D). Nun ist a(AC) — a(AD) = a(B′C) — a(B′D), während die übrigen Werte nicht miteinander verträglich sind. Daraus folgt die Behauptung.

Satz 6. Ist a(AB) = a(AB′), B ≠ B′ und liegen B′ und E auf verschiedenen Seiten von A, so liegen B und E auf derselben Seite von A.

Dies folgt aus Satz 5, indem man C oder D aus Satz 5 mit B aus Satz 6 identifiziert.

Satz 7. Ist B ≠ B′, a(AB) = a(AB′) und liegen B und E auf derselben Seite von A, so liegen B′ und E auf verschiedenen Seiten von A.

Andernfalls wäre a(EB′) = a(EB), und da a(AB) = a(AB′) ist, so folgte B = B′.

Satz 8. Liegen B und C auf derselben Seite von A und C und D auf derselben Seite von A, so liegen auch B und D auf derselben Seite von A.

Ist nämlich C′ der von C verschiedene Punkt mit a(AC′) = a(AC), so liegen B und C′ sowie auch D und C′ nach Satz 7 auf verschiedenen Seiten von A. Also liegen D und B nach Satz 5 auf derselben Seite von A.

Wir bezeichnen die Menge der Punkte, welche auf derselben Seite von A wie B liegen, mit h(B). Alsdann ergibt sich aus Satz 8

Satz 9. Ist C ein Punkt von h(B), so ist h(C) = h(B).

Ferner folgt aus Satz 6

Satz 10. Ist D ein Punkt der Geraden, welcher nicht zu h(B) gehört und von A verschieden ist, so gehört D zu h(B′) mit a(AB′) = a(AB), B′ ≠ B.

Wir können nunmehr die *Halbgeraden* erklären.

Definition 5. Eine Halbgerade mit dem Anfangspunkt A ist eine Punktmenge, welche mindestens einen Punkt enthält und mit einem

Punkt alle diejenigen, welche mit diesem auf derselben Seite von A liegen.

Aus Satz 9 und 10 folgt

Satz 11. Es gibt zwei Halbgeraden mit dem Anfangspunkt A. Die von A verschiedenen Punkte der Geraden zerfallen also in diese beiden fremden Klassen.

Es lassen sich jetzt leicht in üblicher Weise Koordinaten einführen.

Aus Geradenaxiom 3 und Satz 4 und 6 folgt, daß mit den Zahlen $a' > a''$ sowohl die Zahl $a' + a''$, wie $a' - a''$ Abstände sind. Erweitern wir die Menge der reellen Zahlen, welche Abstände sind, um die entgegengesetzt gleichen Zahlen, so erhalten wir einen Bereich, in welchem nicht nur die Addition, sondern auch die Subtraktion unbeschränkt ausführbar ist.

Wir zeichnen nun willkürlich eine der Halbgeraden mit dem Anfangspunkt A als positiv aus. Unter der Koordinate x von B werden wir dann die Zahl $x(B) = +a(AB)$ oder $-a(AB)$ verstehen, je nachdem B der positiven Halbgeraden angehört oder nicht. Es läßt sich nun, wie es in der analytischen Geometrie üblich ist, eine Maßzahl $m(PQ)$ für die gerichtete Strecke PQ einführen, indem wir

$$m(PQ) = -x(P) + x(Q)$$

setzen. Für irgend drei Punkte P, Q, R gilt dann

$$m(PQ) + m(QR) = m(PR).$$

Nach üblichen Schlüssen ergibt sich

$$m(PQ) = \pm a(PQ).$$

Über die Bedeutung des Vorzeichens von $m(PQ)$ gibt der folgende Satz Aufschluß.

Satz 12. Haben $m(PQ)$ und $m(PR)$ gleiches Vorzeichen, so liegen Q und R auf derselben Seite von P und umgekehrt.

Hieraus ergibt sich folgender Eindeutigkeitssatz:

Satz 13. Ist $m'(PQ) = \pm a(PQ)$, haben $m'(PS)$, $m'(PT)$ dann und nur dann gleiches Vorzeichen, wenn S und T auf derselben Seite von P liegen und ist

$$m'(PQ) + m'(QR) = m'(PR),$$

so ist $m'(PQ)$ entweder gleich $m(PQ)$ oder gleich $-m(PQ)$. Denn es ist

$$m'(PQ) = m'(PA) + m'(AQ)$$

und aus den beiden ersten Voraussetzungen folgt

$$m'(AS) = x(S) \quad \text{oder} \quad -x(S).$$

In diesem Satz drückt sich aus, daß sich die Gerade auf nur zwei Weisen orientieren läßt. Dies wird durch die folgenden Sätze über die Halbgeraden einer Geraden noch deutlicher. An Satz 12 anknüpfend bezeichnen wir die Menge der Punkte Q mit $m(PQ) < 0$ als die negative Halbgerade mit dem Anfangspunkt P und die Menge der Punkte mit $m(PQ) > 0$ als die positive Halbgerade mit dem Anfangspunkt P.

Sind h und h' zwei positive oder zwei negative Halbgeraden, so ist der Durchschnitt dieser beiden Punktmengen gleich einer dieser beiden Halbgeraden. Ist h eine positive und h' eine negative Halbgerade, so ist der Durchschnitt entweder leer oder gleich der Strecke, deren Randpunkte die Anfangspunkte der beiden Halbgeraden sind.

Daraufhin treffen wir folgende

Definition 6. Zwei Halbgeraden einer Geraden heißen *richtungsgleich*, wenn ihr Durchschnitt eine Halbgerade ist.

Alsdann gilt

Satz 14. Die Halbgeraden einer Geraden zerfallen in zwei Klassen untereinander richtungsgleicher Halbgeraden. Für jeden Punkt A der Geraden gibt es von jeder dieser Klassen genau eine Halbgerade mit A als Anfangspunkt.

Die Orientierung der Geraden ist gleichbedeutend mit der Auszeichnung einer dieser Klassen. Für irgend zwei Punkte A, B bedeutet dann $A < B$, daß die B entsprechende Halbgerade der ausgezeichneten Klasse in der A entsprechenden enthalten ist. Setzen wir
$m(AB) = +a(AB)$, wenn $A < B$, und $m(AB) = -a(AB)$, wenn $B < A$, so ist dies eine Maßzahl, welche der Bedingung des Satzes 13 genügt.

Zusammenfassend können wir sagen, daß wir den Prozeß der Orientierung in eine strenge logische Form gebracht haben. Eine orientierte Gerade besitzt in der Tat reichere Eigenschaften als eine nicht orientierte, aber diese Bereicherung beruht nicht auf einem neuen etwa anschaulichen Grundakt des Erkennens. Der Gegensatz von links und rechts ist schon in der nichtorientierten Geraden angelegt, und die Orientierung besteht nur in einer Bevorzugung der einen Richtung vor der anderen.

Im Grunde folgt dies alles aus der bekannten geometrischen Tatsache, daß sich der Zwischenbegriff unmittelbar mit Hilfe des Abstandes definieren läßt.

2. Die Orientierbarkeit der Ebene und der Abstand von Punkten

Nachdem der Unterschied der Gegenden für eine Gerade aus der Lage der Teile der Geraden abgeleitet ist, ist dasselbe auch schon für Ebene und Raum geleistet. Denn der Unterschied der Gegenden im Raum ist ja nichts anderes als der Unterschied der Richtungen auf den drei Achsen eines Koordinatensystems. Trotzdem wollen wir die Anordnungsverhältnisse der Ebene noch näher untersuchen, um diejenigen Relationen benennen zu können, welche inkongruente spiegelbildliche Figuren unterscheiden. Es handelt sich, um es in mathematischer Sprechweise auszudrücken, um die Ableitung der Orientierbarkeit der Ebene aus Axiomen. Diese Axiome wählen wir weiterhin so, daß sie als Aussagen über Lage der Teile in der Ebene aufgefaßt werden können.

Ebenenaxiom 1. *Gehören die Punkte* A, B *der Ebene an, so gilt dies für alle Punkte der Geraden durch* A, B.

Definition 1. Zwei Geraden, die keinen Punkt gemeinsam haben, heißen *parallel.*

Ebenenaxiom 2 (Parallelenaxiom). *Zu einer Geraden und einem Punkt außer ihr gibt es eine und nur eine parallele Gerade.*

Sind g' und g'' verschiedene Parallelen zu g, so sind auch g' und g'' parallel. Andernfalls gäbe es durch den g' und g'' gemeinsamen Punkt zwei Parallelen zu g.

Als Ersatz für die Kongruenz- und Anordnungsaxiome dienen uns die Geradenaxiome 1 bis 4 und die folgenden über das Senkrechtstehen.

Ebenenaxiom 3. *Zu einem Punkt* P *und einer Geraden* g *gibt es eine und nur eine Gerade* g', *welche* P *enthält und auf* g *senkrecht steht.* g' *ist von* g *verschieden und nicht parallel zu* g.

Hieraus folgt, daß g' einen Punkt mit g gemeinsam hat. Sind g' und g'' zwei verschiedene Geraden, die auf derselben Geraden g senkrecht stehen, so sind sie parallel. Andernfalls gäbe es nämlich durch einen Punkt zwei auf g senkrechte Geraden.

Ebenenaxiom 4 (Vektoraxiom). *Sind die durch* A, B *und* A', B' *sowie die durch* A, A' *und* B, B' *bestimmten Geraden parallel, so ist* $a(AB) = a(A'B')$.

Ebenenaxiom 5. *Sind* g, g' *zwei Geraden, welche sich in dem Punkt* R *schneiden,* P, Q *zwei weitere Punkte auf* g *und* P' *ein Punkt auf* g', $P' \neq R$, *und liegt* Q *zwischen* R *und* P, *so trifft die Parallele durch* Q *zu der Geraden* PP' *die Gerade* g' *in einem Punkt* Q', *welcher zwischen* R *und* P' *liegt.*

Ebenenaxiom 6 (Axiom des Pythagoras). *Sind* A, B, C *drei verschiedene Punkte mit*

$$a^2(AC) + a^2(BC) = a^2(AB),$$

so steht die Gerade AC *auf der Geraden* BC *senkrecht, und umgekehrt, steht die Gerade* AC *auf der Geraden* BC *senkrecht, so gilt diese Gleichung.*

Hieraus folgt: Steht g' senkrecht auf g, so steht auch g senkrecht auf g'. Ferner folgt die Existenz des Rechtecks: Stehen in einem Viereck ABCD AB und DC senkrecht auf BC und AD senkrecht auf AB, so steht auch AD senkrecht auf DC. Denn AD ist parallel zu BC, weil beide auf AB senkrecht stehen; fällt man nun von A auf DC das Lot, so ist dasselbe parallel zu BC und daher mit AD identisch. Gegenüberliegende Seiten eines Rechteckes sind nach Ebenenaxiom 4 gleich lang.

Nunmehr können wir das wichtigste Hilfsmittel zur Erklärung der Orientierung, die Halbebene, einführen.

Definition 2. Sind h' und h'' zwei Halbgeraden, die auf einer Geraden g senkrecht stehen und mit g ihre Endpunkte A' beziehungsweise A'' gemeinsam haben, so gehören h' und h'' *derselben durch* g *bestimmten Halbebene* an, wenn es eine Parallele g' zu g gibt, welche h' und h'' trifft. Zwei Punkte gehören derselben durch g bestimmten Halbebene an, wenn sie auf solchen auf g senkrechten Halbgeraden liegen, die dieser Halbebene angehören.

Satz 1. Gehören h' und h'' derselben Halbebene bezüglich g an und ist g'' eine Parallele zu g, welche h' trifft, so trifft dieselbe auch h''.

Es seien A', A'' die Endpunkte der Halbgeraden h' beziehungsweise h'', B', B'' die Punkte, in welchen eine Parallele g' zu g die Halbgerade h' beziehungsweise h'' nach Voraussetzung und Definition 2 trifft, C' sei der Schnittpunkt von h' und g'', C'' der Schnittpunkt der Geraden, welche h'' enthält, und g''. Alsdann sind die Vierecke A'B'B''A'', A'C'C''A'', B'C'C''B'' Rechtecke. Hieraus folgt:

$$a(A'B') = a(A''B''),\ a(A'C') = a(A''C''),\ a(B'C') = a(B''C'').$$

Da B', C' auf derselben Seite von A' liegen, ist

$$a(B'C') = a(A'B') - a(A'C') \quad \text{oder} \quad = a(A'C') - a(A'B'),$$

also ist auch

$$a(B''C'') = a(A''B'') - a(A''C'') \quad \text{oder} \quad = a(A''C'') - a(A''B'')$$

und B'', C'' liegen also auf derselben Seite von A''.

Satz 2. Gehören h' und h'' sowie h'' und h''' derselben Halbebene bezüglich g an, so gehören auch h' und h''' derselben Halbebene bezüglich g an. Gehören P' und P'' sowie P'' und P''' derselben Halbebene bezüglich g an, so gehören auch P' und P''' derselben Halbebene bezüglich g an. Eine Gerade bestimmt genau zwei Halbebenen.

Satz 3. Ist g' zu g nicht parallel, so hat g' mit einer zu g gehörenden Halbebene eine Halbgerade gemeinsam.

Seien nämlich P, Q zwei Punkte von g' (g' nicht senkrecht auf g), welche einer von g bestimmten Halbebene angehören, Q habe den größeren Abstand von g, ich ziehe durch P die Parallele zu g, welche das Lot durch Q auf g in P′ schneide. Alsdann liegt P′ zwischen Q und dem Fußpunkt des Lotes von Q auf g. Nach Ebenenaxiom 5 liegt daher P zwischen Q und dem Schnittpunkt von g und g′, also gehören P und Q derselben durch g bestimmten Halbgeraden von g′ an. Steht g′ senkrecht auf g, so folgt die Behauptung unmittelbar aus der Definition der Halbebene.

Das zweite Hilfsmittel, das wir benötigen, sind, wie nicht verwunderlich, die Bewegungen und insbesondere die Spiegelungen.

Definition 3. Eine eindeutige Punktabbildung heißt eine *Bewegung*, wenn sie die Abstände der Punkte unverändert läßt.

Bei einer Bewegung werden drei Punkte einer Geraden in drei Punkte übergeführt, die ebenfalls auf einer Geraden liegen. Es werden parallele Geraden in parallele, und senkrechte Geraden in senkrechte übergeführt. Folglich wird eine Halbebene in eine Halbebene übergeführt.

Definition 4. Unter *Spiegelung* an der Geraden g verstehen wir diejenige eindeutige Abbildung, welche jeden Punkt P der Geraden g fest läßt und jeden Punkt P, der nicht auf g liegt, in den Punkt P′ auf derselben zu g senkrechten Geraden, der von g denselben Abstand hat wie P, überführt.

Eine Bewegung, welche die Punkte einer Geraden fest läßt, ist die Identität oder eine Spiegelung.

Satz 4. Eine Spiegelung ist eine Bewegung.

Ist PQ eine zu g parallele Strecke, so ist auch die Bildstrecke P′Q′ eine zu g parallele Strecke. Also ist nach Ebenenaxiom 4 $a(PQ) = a(P'Q')$. Ist PQ eine Strecke, welche nicht zu g parallel ist, so sei N der Fußpunkt des Lotes von P auf die durch Q gehende zu g senkrechte Halbgerade. P′, Q′, N′ seien die Bildpunkte dieser Punkte bei der Spiegelung; dann ist $a(PN) = a(P'N')$ und $a(QN) = a(Q'N')$. Ferner sind die Dreiecke PNQ, P′N′Q′ rechtwinklig. Daher folgt das Behauptete aus dem Axiom des Pythagoras.

Ebenenaxiom 7. *Jede Strecke* AB *hat eine Mitte* M *mit*

$$a(MA) = a(MB) \text{ und } a(AB) = a(AM) + a(MB).$$

Satz 5. Zu zwei verschiedenen Geraden g′, g″ gibt es eine Spiegelung, welche g′ in g″ überführt.

Sind g′ und g″ parallel, so fälle ich das Lot vom Punkt P der Geraden g′ auf g″, das g″ in Q trifft, M sei die Mitte von PQ. Unter g verstehen wir die Parallele durch M zu g′, die also auch zu g″ parallel ist. Die

Spiegelung an g leistet dann das Verlangte. Sind g', g'' nicht parallel und Q ihr gemeinsamer Punkt, so trage ich von Q aus auf beiden Geraden dieselbe Länge bis P beziehungsweise R ab. Alsdann fälle ich das Lot g von Q auf PR, das diese Gerade in M' treffe. Es folgt alsdann aus dem Axiom des Pythagoras, daß a(M'P) = a(M'R) ist, weil die Dreiecke QM'P, QM'R rechtwinklig sind und in Hypotenuse und einer Kathete übereinstimmen. Die Spiegelung an g führt daher P in R und Q in sich über und leistet daher das Verlangte.

In üblicher elementargeometrischer Weise läßt sich nun zeigen:

Satz 6. Führt man die Spiegelungen an drei Geraden durch denselben Punkt A hintereinander aus, so ist die entstehende Abbildung eine Spiegelung an einer Geraden durch A.

* * *

Nunmehr können wir die orientierten Halbebenen und die Klassen gleichorientierter Halbebenen erklären.

Eine Gerade heißt, wie wir am Ende von § 1 ausführten, gerichtet, wenn für ihre Punkte eine Anordnung P < Q (P liegt links von Q) erklärt ist, die den dort angegebenen Bedingungen genügt.

Definition 5. Zwei *gerichtete parallele Geraden* g, g' heißen *gleichgerichtet*, wenn die Lote von zwei Punkten P, Q mit P < Q von g auf g' diese Gerade in zwei Punkten P', Q' treffen mit P' < Q'.

Definition 6. Eine zu der Geraden g gehörige *Halbebene heißt orientiert*, wenn ihre Randgerade gerichtet ist.

Definition 7. Zwei *orientierte Halbebenen heißen gleichorientiert*,

1. wenn sie verschieden sind und zu derselben Geraden gehören, die Punkte der Geraden aber entgegengesetzt angeordnet sind;

2a. wenn sie zu parallelen Geraden gehören, die eine Halbebene ein Teil der anderen ist und die parallelen Geraden gleichgerichtet sind;

2b. wenn sie zu parallelen Geraden gehören, die eine Halbebene nicht in der anderen enthalten ist und die Geraden nicht gleichgerichtet sind;

3. wenn die Halbebenen zu nicht parallelen Geraden g, g' gehören, so sei h beziehungsweise h' diejenige Halbgerade von g beziehungsweise g', welche der zu g' beziehungsweise g gehörigen Halbebene angehört. R sei der gemeinsame Endpunkt dieser beiden Halbgeraden. Die orientierten Halbebenen heißen gleichorientiert, wenn R in der Anordnung der einen Halbgeraden der am weitesten rechts und in der Anordnung der anderen Halbgeraden der am weitesten links gelegene Punkt dieser Halbgeraden ist.

Andernfalls heißen die *orientierten Halbebenen entgegengesetzt orientiert.*

Wir müssen zeigen, daß die Gleichorientiertheit für orientierte Halbebenen transitiv ist und daß daher die orientierten Halbebenen in zwei Klassen untereinander gleichorientierter zerfallen. Mit Hilfe von Satz 5 ergibt sich zunächst

Satz 7. Sind $\mathfrak{A}$ und $\mathfrak{B}$ zwei entgegengesetzt orientierte Halbebenen, deren zugehörige Geraden sich schneiden, so gibt es eine Spiegelung, welche $\mathfrak{A}$ in $\mathfrak{B}$ überführt. Sind $\mathfrak{A}$ und $\mathfrak{B}$ zwei gleichorientierte Halbebenen, deren zugehörige Geraden sich schneiden, so gibt es zwei Spiegelungen, die nacheinander ausgeführt $\mathfrak{A}$ in $\mathfrak{B}$ überführen.

Ferner gilt

Satz 8. Sind $\mathfrak{A}, \mathfrak{B}, \mathfrak{C}$ drei orientierte Halbebenen, deren Geraden durch denselben Punkt P gehen, und ist $\mathfrak{A}$ zu $\mathfrak{B}$ und $\mathfrak{B}$ zu $\mathfrak{C}$ gleichorientiert, so ist auch $\mathfrak{A}$ zu $\mathfrak{C}$ gleichorientiert.

Andernfalls gäbe es nach Satz 7 fünf Spiegelungen, welche hintereinander ausgeführt $\mathfrak{A}$ und P in sich überführten. Eine solche Bewegung wäre einerseits nach Satz 6 eine Spiegelung, andererseits wäre sie die Identität.

Zwei gleichorientierte Halbebenen, die zu parallelen gleichgerichteten Geraden gehören, mögen parallelverschoben heißen. Dann gilt

Satz 9. Sind $\mathfrak{A}$ und $\mathfrak{A}'$ parallelverschobene orientierte Halbebenen, so sind $\mathfrak{A}$ und die orientierte Halbebene $\mathfrak{B}$ sowie $\mathfrak{A}'$ und $\mathfrak{B}$ zugleich je gleichorientiert oder nicht.

Nun ergibt sich

Satz 10. Sind $\mathfrak{A}, \mathfrak{B}, \mathfrak{C}$, orientierte Halbebenen und ist $\mathfrak{A}$ mit $\mathfrak{B}$ und $\mathfrak{B}$ mit $\mathfrak{C}$ gleichorientiert, so ist auch $\mathfrak{A}$ mit $\mathfrak{C}$ gleichorientiert.

Die Halbebenen $\mathfrak{A}, \mathfrak{B}, \mathfrak{C}$ sind nach Satz 9 dann und nur dann gleichorientiert, wenn es die parallelverschobenen $\mathfrak{A}', \mathfrak{B}', \mathfrak{C}'$ sind, deren Geraden durch einen Punkt P gehen mögen. Nach Satz 8 ist aber $\mathfrak{A}'$ mit $\mathfrak{C}'$ gleichorientiert und also auch $\mathfrak{A}$ mit $\mathfrak{C}$.

Damit ist das Ziel erreicht. Wir sehen, daß *die orientierten Halbebenen in zwei Klassen gleichorientierter* zerfallen. *Die Orientierung der Ebene besteht in der Auszeichnung einer dieser Klassen als der positiven.* Die Bewegungen zerfallen in solche, welche die Orientierung erhalten und solche, welche sie umkehren.

Wir können uns schließlich von der Existenz inkongruenter Spiegelbilder in der Ebene überzeugen. Sind nämlich ABC, A'B'C' zwei rechtwinklige Dreiecke mit beziehungsweise gleichen Katheten also $a(AB) = a(A'B')$, $a(BC) = a(B'C')$ und $a(AB) > a(BC)$, so gibt es, wie man leicht sieht, eine und nur eine Bewegung, welche das eine Dreieck in das andere überführt. Die Paare solcher Dreiecke zerfallen in zwei Klassen, je nachdem diese Bewegung die Orientierung erhält oder nicht. Die Eigenschaft des Dreieckpaares, die dies festlegt, ist leicht anzugeben. Dem Dreieck ABC ordnen wir die orientierte Halbebene $\mathfrak{A}$ zu, welche durch die Gerade AB mit $A < B$ bestimmt wird und C enthält. Analog erklären wir $\mathfrak{A}'$. ABC, A'B'C' gehen durch eine gerade oder ungerade Anzahl von Spiegelungen ineinander über, je nachdem $\mathfrak{A}$ und $\mathfrak{A}'$ gleichorientiert sind oder nicht.

Durch Hinzunahme weiterer Axiome läßt sich unschwer ganz ähnlich die Geometrie des Raumes begründen. Drei Punkte, die nicht auf einer Geraden liegen, bestimmen eine und nur eine Ebene. Eine Ebene zerlegt den Raum in zwei Halbräume. Unter einem orientierten Halbraum verstehen wir einen Halbraum mit orientierter Randebene, das heißt einer Ebene, in welcher eine orientierte Halbebene ausgezeichnet ist. In orientierten Halbräumen läßt sich wieder die Relation Gleichorientiert erklären und die Transitivität derselben nachweisen. Die orientierten Halbräume zerfallen daher in zwei Klassen je gleichorientierter. Zwei Halbräume verschiedener Klassen sind entgegengesetzt orientiert. Mit Hilfe dieser Klassen läßt sich dann wieder die Existenz inkongruenter Spiegelbilder nachweisen, das heißt solcher Figuren, die sich nur durch eine ungerade Anzahl von Spiegelungen ineinander überführen lassen, und inkongruente Spiegelbilder unterscheiden sich durch die ihnen zugeordneten Orientierungsklassen.

3. Logik und Ontologie

Nach Klärung des mathematischen Tatbestandes wenden wir uns dem Gedankengang Kants zu. Kant stellt die These auf, daß dem Raum Realität zugeschrieben werden müsse. Er stellt diese These einer anderen sogenannten deutschen entgegen, nach welcher es nur räumliche Eigenschaften von Dingen gibt, die in der Lage der Teile dieser Dinge bestehen. Zum Nachweis der Realität des Raumes unternimmt es Kant, die deutsche These zu widerlegen, indem er behauptet:

These 1. Es gibt solche räumlichen Eigenschaften von Dingen, welche nicht aus der Lage der Teile dieser Dinge abgeleitet werden können.

Diese Behauptung wird durch die beiden folgenden Thesen begründet:

These 2. Es gibt inkongruente Gegenstücke, das heißt Figuren, welche in allen Lagebeziehungen ihrer Teile übereinstimmen und welche sich nicht zur Deckung bringen lassen.

Hieraus folgert er

These 3. Sind G', G'' inkongruente Gegenstücke, so gibt es eine räumliche Eigenschaft e, welche G' zukommt, G'' dagegen nicht.

Zum Beweis von These 3 aus These 2 macht KANT die erläuternde Annahme, daß das erste erschaffene Ding eine Hand gewesen sei. Dieselbe müßte notwendig eine linke oder rechte Hand gewesen sein und also eine Eigenschaft e der behaupteten Art besessen haben.

Aus These 2 und 3 folgt offenbar These 1. KANT geht sogleich weiter und behauptet

These 4. Die Eigenschaft e, welche G' zukommt, G'' dagegen nicht und nicht auf der Lage der Teile von G' beruht, gründet in einer Beziehung von G' zum Raum.

Hieraus wird dann gefolgert, daß der Raum Realität habe; verleiht er doch Dingen reale Eigenschaften. Die Möglichkeit eines Dinges, zum Raum in die Beziehung zu treten, welche die Eigenschaft e hervorruft, beruhe übrigens, so heißt es weiter, im Unterschiede der Gegenden. Die Eigenschaft e sei aber so versteckt, daß sie sich erst bei Gegenhaltung inkongruenter Gegenstände zeige.

Es ist klar, daß diese Theorie und insbesondere These 1 mit der in § 1 und § 2 entwickelten Geometrie im Widerspruch steht. Denn diese Geometrie leitet den Unterschied der Gegenden aus der Lagebeziehung der Teile des Raumes, nämlich aus der Abstandsbeziehung der Punkte des Raumes her und beweist alsdann die Existenz inkongruenter Gegenstücke, während KANT aus der Existenz inkongruenter Gegenstücke die Unableitbarkeit des Unterschiedes der Gegenden aus der Lagebeziehung der Teile meint folgern zu können.

These 3 gilt in unserer Geometrie nicht. Inkongruente Gegenstücke G', G'' stimmen in allen geometrischen Eigenschaften überein. Nach Voraussetzung gibt es nämlich eine Spiegelung oder eine Folge von Spiegelungen, welche G' in G'' überführt. Nun ist die Spiegelung eine Bewegung. Zwei Figuren F, F' aber, die durch Bewegung auseinander hervorgehen, stimmen in allen geometrischen Eigenschaften überein, das heißt irgendeine geometrische Aussage, die auf F zutrifft, gilt auch für F', und umgekehrt. Dies gilt also auch für G', G''.

Hierdurch ist auch These 4, nach welcher die Eigenschaft e auf eine Beziehung von G' zum Raum begründet sei, widerlegt. Denn eine Bewegung führt den ganzen Raum in sich über und müßte also auch die Eigenschaft e unverändert lassen. Da die Geometrie widerspruchsfrei ist, so bricht mit der Widerlegung von These 4 durch die Geometrie auch der Beweis für die Realität des Raumes zusammen.

Versuchen wir nun, die Herkunft von These 3 und 4 zu ermitteln. Obgleich KANT eine Begründung der These 3 nicht gibt, leuchtet doch wohl ein, daß sie als auf einem allgemeinen logischen Prinzip beruhend gedacht ist, nämlich dem

Prinzip K: *Sind G′, G″ unterscheidbare Gegenstände, so gibt es eine Eigenschaft e, welche G′ zukommt, G″ dagegen nicht.*

Jedenfalls läßt sich aus K die These 3 folgern und eine andere Begründung bietet sich, soweit ich sehe, nicht an.

Da These 3 mit der Geometrie in Widerspruch steht und aus K These 3 folgt, so steht auch dies sehr viel allgemeinere logische Prinzip mit der Geometrie in Widerspruch, und wir sehen, wie weitreichend die Frage ist, die wir aufgerollt haben. Wir können den Widerspruch zwischen der KANTschen These und der Geometrie nur auflösen, wenn wir die logische Struktur der Geometrie ermitteln und aus ihr lernen, das so einleuchtende Prinzip K durch ein mit der Mathematik verträgliches zu ersetzen.

Wenn K in der Geometrie nicht gilt, so heißt dies positiv gewendet: Es gibt in der Geometrie die Möglichkeit, zwei Gegenstände G′, G″ als unterschieden zu erkennen, obgleich die Gegenstände in ihren Eigenschaften übereinstimmen. Ist dies richtig? In der Tat: nämlich mit Hilfe von Relationen, welche zwischen diesen Gegenständen bestehen, oder in Aussagen, die sich zugleich auf beide Gegenstände G′, G″ beziehen. Die Geometrie ist reich an solchen Relationen. „Parallel sein" und „Senkrecht stehen" sind Relationen zwischen verschiedenen Geraden, „Liegen auf" ist eine Relation zwischen Punkten und Geraden, „Kongruent oder Inkongruent sein" ist eine Relation für beliebige Figuren. Wäre nun K für die Geometrie gültig, so müßte jede Unterscheidung zweier Gegenstände G′, G″, die sich mit Hilfe von Relationen machen läßt, sich auch auf Eigenschaften von G′ und G″ zurückführen lassen. Dies ist aber nicht der Fall, vielmehr gilt statt dessen das folgende

Lemma Λ: *Es seien G′, G″ zwei geometrische Gegenstände und E′ die sämtlichen wahren geometrischen Aussagen über G′, E″ diejenigen über G″ und E die über das geordnete Paar der Gegenstände G′, G″. Es gibt solche Paare G′, G″, für welche die Sätze von E nicht mit den logischen Folgerungen aus den Sätzen von E′ und E″ identisch sind.*

Am einfachsten und schlagendsten sieht man dies, wenn man als Gegenstände G′, G″ zwei verschiedene Punkte nimmt. Die Geometrie enthält keine Aussage über einen Punkt allein außer derjenigen, daß es einen Punkt gibt oder daß ein Gegenstand ein Punkt ist. Die letztere

Aussage gilt gleichzeitig für G′ und G″, die Entfernung a(G′G″) des Punktpaares aber ist dadurch offenbar nicht bestimmt. Es gibt also keine Möglichkeit in der Geometrie, die Größe a(G′G″) aus Eigenschaften von G′ und G″ zu bestimmen.

Ganz ähnlich ist der logische Sachverhalt bei Paaren von Figuren G′, G″, welche durch eine Bewegung aus einer Normfigur G hervorgehen. Hierbei werden die Eigenschaften E′ von G′ und E″ von G″ durch G festgelegt, die Eigenschaften des Paares G′, G″ sind aber nicht durch G festgelegt. Denn beispielsweise können G′, G″ in der Relation der Inkongruenz stehen oder nicht. So wird also in der Tat durch die inkongruenten Spiegelbilder das Lemma Λ bewiesen und also das Prinzip K widerlegt.

Machen wir noch eine Bemerkung über die Ableitbarkeit des Unterschiedes der Gegenden aus der Lagebeziehung der Teile!

Sind G′, G″ zwei Figuren, die in der Lagebeziehung der Teile übereinstimmen, so bleibt es noch offen, ob G′, G″ inkongruent sind oder nicht. Trotzdem ist diese Inkongruenz durch die Lagebeziehung der Teile bestimmt, nicht allerdings durch die der Teile von G′ und G″ je allein, sondern durch die der Teile der aus G′, G″ zusammengesetzten Figur, auf die sich die Relation der Inkongruenz bezieht.

Auf den ersten Blick scheint das Lemma Λ mit der im vorigen Abschnitt dargestellten Definition der Euklidischen Geometrie als analytischer Geometrie im Widerspruch zu stehen. Bei der analytischen Definition sind Punkte Zahlenpaare und der Abstand a von zwei Punkten x_1, y_1 und x_2, y_2 ist durch

$$a^2 = (x_1 - x_2)^2 + (y_1 - y_2)^2 ,$$

also durch Eigenschaften der einzelnen Punkte, nämlich die Zahlenwerte der den Punkten zugeordneten Zahlenpaare bestimmt. Noch auffälliger tritt dieser scheinbare Widerspruch bei der logischen Präzision der analytischen Definition der Geometrie in Abschnitt VII hervor. Dort wird der Geometrie ein System von Gegenständen und Prädikaten für nur je einen Gegenstand zugeordnet und die Relationen der Geometrie werden auf diese Prädikate zurückgeführt. Aber die Zahlen x und y sind, von der Geometrie aus betrachtet, nicht Eigenschaften des zugehörigen Punktes allein, sondern dieses Punktes und eines Koordinatensystems. Erst das Koordinatensystem ermöglicht uns, von „dem" Punkt mit den Koordinaten x, y zu sprechen und die Relationen der Geometrie auf Prädikate zurückzuführen. Die Widersprüche zwischen Geometrie und Ontologie würden sich also nicht ergeben, wenn der absolute Raum mit einem Koordinatensystem ausgestattet worden wäre.

Wir stoßen hier auf eine generell zu beachtende Quelle möglicher Irrtümer bei der Übersetzung von anschaulichen räumlichen Aussagen in geometrische. *Auf Wahrnehmung fußende Aussagen stehen in Relation zu dem natürlichen Koordinatensystem, das mit dem Wahrnehmenden verbunden ist*, und bei der Übersetzung in geometrische Aussagen muß diese Abhängigkeit in Betracht gezogen werden. Für die Begriffe Links und Rechts zur Bezeichnung von Richtungen ist diese Abhängigkeit evident. Auch in der üblichen Unterscheidung der linksgewundenen Schraube von der rechtsgewundenen wird das mit dem Leib verbundene Koordinatensystem benutzt. Deswegen ist es unerläßlich, bei der Übersetzung der Begriffe Links, Rechts, Linksgewunden und Rechtsgewunden in die Geometrie die Abhängigkeit dieser Begriffe von der Auszeichnung eines Koordinatensystems im Raum zu prüfen. Der Inhalt dieses Abschnitts läßt sich kurz dahin zusammenfassen, daß eine solche Auszeichnung unentbehrlich ist.

Übrigens steckt auch im Begriff der Raumgestalt eine Relation zu dem natürlichen Koordinatensystem. Figuren der Euklidischen Ebene haben dieselbe Gestalt, wenn sie kongruent sind. Ein auf eine Glasscheibe gemalter Buchstabe B hat indessen, von der anderen Seite der Scheibe betrachtet, nicht die Gestalt eines B.

V

ANSCHAUUNG UND BEGRIFF

1. Das Paradox der Anschauung

Im ersten Kapitel haben wir uns bei der Beschreibung des geometrischen Denkens der Vorstellung starrer Körper im Raum bedient und Gedankenexperimente mit Instrumenten angestellt, um die Konzeption des Raumes freizulegen. Die Konzeption des Raumes ist offenbar eine von der puren Wahrnehmung von Dingen unterschiedene Leistung, die uns auch zu dem einzelnen Wahrgenommenen in eine eigenartige Relation setzt, insofern wir nun auch das Einzelne nach dem Allgemeinen, durch das es bestimmt ist, befragen können. Diese Auffassung des Einzelnen in Beziehung auf eine allgemeine Ordnung wird Anschauung genannt, und auch wir nehmen diese Bezeichnung auf, aber nicht ohne zugleich die besondere Art des Umgehens mit Anschaulichem zu bezeichnen, das uns allein in eine prägnante Beziehung zu Anschaulichem setzt: *das Aufweisen.* Aufweisen zeigt das Aufgewiesene als frei zugänglich und immer wieder wiederholbar und wiederherstellbar auf und stellt so eine Beziehung zum Aufgewiesenen her, welche die Prüfung von Aussagen über Aufgewiesenes mit anzeigt. Die Bewegungen, die sich mit starren Körpern und mit den Instrumenten der elementaren Geometrie ausführen lassen, sind als wohlbestimmte Akte anschaulichen Handelns aufgewiesen und eine Figur wie die Figur des kleinen Satzes von DESARGUES ist dank der Aufweisbarkeit ihrer Konstruktion als konstruierbar aufgewiesen.

Aber wie steht es nun mit den prüfbaren Aussagen über aufweisbare räumliche Sachverhalte? Diese Frage brauchten wir uns bei der Untersuchung des Ursprungs des geometrischen Denkens nicht zu stellen. Denn die Aufweisung diente dabei nur der Erhellung einer Situation, und das Aufgewiesene in dieser Situation diente nur als Anlaß für geometrisches Denken und axiomatisches Definieren, das sich dann autonom vollzieht. Und unsere Kritik an dem Dogma der reinen Anschauung wurde nicht durch Aufgewiesenes begründet, sondern durch die Autonomie des geometrischen Denkens, das keiner zusätzlichen Erkenntnisquelle bedarf, weil es gar keine Erkenntnis der vermeintlichen Art liefert.

Nun wollen wir unsere Aufmerksamkeit dem Aufgewiesenen selbst, das uns bei der Erkundung der Geometrie so nützlich war, nicht länger vorenthalten.

Ein aufgewiesener Anlaß einer axiomatischen Definition ist selbst ein Sachverhalt. Nach Anerkennung der Unabhängigkeit der geometrischen Theorien von der reinen Anschauung wird auch die durch das Dogma der reinen Anschauung gestiftete Erklärung für die angenäherte Übereinstimmung wahrnehmbarer mit rein geometrischen Figuren hinfällig, und die Frage nach der Beschaffenheit aufweisbarer räumlicher Sachverhalte selbst und ihrer Beziehung zu den Sachverhalten der reinen Geometrie tritt uns als ein ursprüngliches offenes Problem vor Augen.

Wahre Aussagen über aufweisbare Sachverhalte nennen wir in Anlehnung an die übliche Terminologie „evident". Mit diesem Begriff läßt sich die Aufgabe, die uns vorschwebt, etwas klarer bezeichnen. Wir suchen nach evidenten Aussagen über räumliche Sachverhalte. Dabei können wir einerseits von strengen Aussagen ausgehen und nach Sachverhalten suchen, auf die sie zutreffen, oder von aufweisbaren Sachverhalten ausgehen und nach Eigenschaften suchen, die zu evidenten Aussagen über diese Sachverhalte führen. Der erste Teil dieser Aufgabe ist seit langem ein Gegenstand mathematischen und erkenntnistheoretischen Nachdenkens; die Sätze, auf die sich dabei sachgemäß das Interesse konzentriert, sind die Grundsätze der Geometrie, deren Wahrheit auf reine Anschauung zurückgeführt wird, und wie plausibel es ist, diese Sätze dann als evidente hinzunehmen, zeigt die Erfahrung. Nun gibt es aber aufweisbare Sachverhalte, die, wie wir darstellten, Anlaß zu geometrischer Begriffsbildung geben, und wir können daher aufweisbar Anschauliches neben das vermeintlich rein Anschauliche stellen und in der Sphäre der Anschauung *die reine und die aufgewiesene Anschaulichkeit* miteinander vergleichen. Dabei wird deutlich, daß die reine Anschauung nicht als eine aufweisende Anschauung konzipiert ist, daß der Übergang von der Vorstellung einzelner wahrnehmbarer Sachverhalte zu allgemeingültigen Aussagen keinen anderen anschaulichen Halt hat als den Gedanken der freien Reproduzierbarkeit von Konstruktionen an allen Stellen des homogenen Raumes und daß dieser Übergang selbst gerade der Akt ist, der bei der Anerkennung der Evidenz von Axiomen als Erkenntnisakt eingesetzt wird.

Die Sonderstellung des Aufweisbaren meldet sich indessen auch bei dieser Auffassung an. Sie wird in der *Sonderstellung des Parallelenaxioms* deutlich, dessen Evidenz schon immer als nicht befriedigend empfunden wurde. Die Versuche, das Parallelenaxiom aus den übrigen Axiomen zu beweisen, beschäftigten die Mathematiker jahrhundertelang und hörten erst mit der Entdeckung der Nichteuklidischen Geometrie im Anfang des neunzehnten Jahrhunderts auf. Und daß die Sonderstellung des Parallelenaxioms auf eine Bevorzugung des Aufweisbaren zur Begründung von Evidenz beruht, läßt sich leicht belegen und bestätigen. Allen anderen Axiomen lassen sich aufweisbare Figuren auf dem Zeichenbrett zuordnen, die, von generellen Mängeln des Wahrnehmbaren abgesehen, einen anschaulichen Sondersachverhalt darstellen, welchen das Axiom als allgemeingültig behauptet, und es ist allein das Parallelenaxiom, das sich gleich auf die unendliche Erstreckung der Geraden und die unendliche Ebene bezieht und dessen Inhalt ohne die unendliche Wiederholung der Verlängerung von Strecken nicht vorgestellt werden kann.

Ihrem vollen Sinn nach beziehen sich aber alle Axiome auf Unendliches, nämlich auf unendlich viele Figuren, und die Aufweisbarkeit eines Beispiels und die Verdeutlichung einer Fähigkeit, eine wahrnehmbare Figur als Repräsentant unendlich vieler reiner Figuren zu nehmen, stellt auch bei diesen Axiomen nicht eine evidente Beziehung zu dem behaupteten Tatbestand her. Wir belegen diese Kritik, indem wir uns die Konsequenzen der Verallgemeinerung eines scheinbar evidenten Satzes klar machen.

Der so plausible Satz „*eine Strecke ist halbierbar*“ führt uns durch Iteration von Halbierungen, die er begründet, sogleich ins unendlich Kleine und mutet uns die Vorstellung schlechthin unvorstellbarer Sachverhalte zu, sobald wir statt *einer* Strecke *jede* Strecke als halbierbar behandeln und dementsprechend wenigstens *eine* Strecke mit *allen* ihren durch sukzessive Halbierungen entstehenden *Teilen* uns vor das anschauende Auge bringen möchten. Das Paradoxe ist, daß wir der Anschauung nach eine Strecke, welche etwa bei dem Punkte 0 beginnt und dem Punkte 1 endet, einerseits *ziehen* und die gezogene Strecke also durchlaufen können und bei der Durchlaufung der Strecke vom Anfangspunkt zum Endpunkt alle Punkte der Strecke passieren und dabei also auch die bei den iterierten Halbierungen auftretenden Teilpunkte sukzessive passieren müssen — und daß wir derselben Anschauung zufolge andererseits die Halbierungen iterieren und den dabei auftretenden Teilpunkten die Zahlen

$$k/2^n \quad (k = 0,1, \ldots, 2^n; n = 0,1, \ldots)$$

zuordnen und die mit wachsendem n zunehmende *Verfeinerung der Unterteilung verfolgen* und in das werdende unendlich Kleine gleichsam hineinsehen können, daß aber *diese beiden Prozesse nicht in einer Anschauung* zusammengefaßt noch *zusammenfaßbar* sind, weil wir die Punkte $k/2^n$ nicht sukzessive ihrer Anordnung auf der Strecke nach durchlaufen, noch in dieser Anordnung uns vorstellen können. Wenn wir irgendwie von 0 zu einem der Punkte $k/2^n$ etwa zu $k/2^q$ gekommen sind, so haben wir immer schon unendlich viele Punkte $k/2^n$, nämlich alle, für die

$$0 < k/2^n < k/2^q$$

ist, überschritten. Das ist ein aufgewiesenes *Paradoxon der Anschauung*, das offenbar durch eine Hypothese nicht aufgelöst werden kann und das die Fragwürdigkeit der Annahme einer reinen Anschauung als Erkenntnisquelle nun auch von der Anschauung her beleuchtet.

* * *

Eine echte Auseinandersetzung mit dem Paradox der Anschauung, das die Existenz evidenter strenger Aussagen über räumliche Sachverhalte überhaupt in Frage stellt, finden wir nur bei einigen Philosophen der Antike, vor allem bei ZENON von ELEA, der die Möglichkeit evidenter strenger Aussagen bestritt und infolgedessen z. B. paradoxerweise die Bewegung leugnete, — und bei ARISTOTELES, der die Paradoxien des ZENON zu widerlegen sucht, um die Wahrnehmung als Erkenntnisquelle zu retten.

Die Interpretation der wenigen Fragmente[1], die von ZENON überliefert sind, hat natürlich ihre eigenen Schwierigkeiten, aber der Zusammenhang seiner Antinomien mit der Teilung von Größen und der Problematik der Existenz unendlich vieler Teile einer Strecke und der Existenz des ausdehnungslosen Punktes als des kleinsten Teils einer Strecke ist doch deutlich genug und auch da zu erkennen, wo der Begriff der Bewegung erörtert wird. „Wenn Seiendes Größe hat, so hat auch jeder seiner einzelnen Teile Größe. Das gilt ein für alle Mal", so heißt es da, „und kein Teil wird die äußerste Grenze bilden." „Wenn Vieles ist, so muß es notwendig zugleich klein und groß sein, klein bis zum Nichthaben von Größe, groß bis zur Unbegrenztheit". „Etwas ohne Größe", heißt es ferner, „würde aber weder bei Hinzufügung zu einem andern noch bei der Fortnahme von einem andern das andere größer oder kleiner machen, und es ist also klar, daß das Hinzugefügte oder Fortgenommene ein Nichts war." „Und so schließt ZENON", sagt der antike Kommentator SIMPLIKIOS dazu, „auf Grund der Teilung ins Unendliche."

Ein anderes Fragment spiegelt die dialektische Ontologie des ZENON in schöner Geschlossenheit wider:

[1] Siehe H. DIELS, *Die Fragmente der Vorsokratiker*. Erster Band.

„Wenn es Vieles gibt, so muß es notwendig gerade so viele Dinge geben, als wirklich vorhanden sind, nicht mehr nicht minder. Gibt es aber so viele Dinge, als es eben gibt, so sind sie (der Zahl nach) begrenzt.

Wenn es Vieles gibt, so ist das Seiende (der Zahl nach) unbegrenzt. Denn zwischen den einzelnen Dingen liegen stets andere und zwischen jenen wieder andere. Und somit ist das Seiende unbegrenzt".

Hier ist es das „Zwischen", das auf die Teilung der Größe verweist und durch Iterierung ins Unendliche führt.

Gegen die Möglichkeit der Bewegung richtet sich das vierte und letzte Fragment: „Das Bewegte bewegt sich weder in dem Raume, indem es sich befindet, noch in dem Raume, in dem es sich nicht befindet." Denn, so interpretiere ich in Anlehnung an die Erörterung dieser Paradoxie in der Physik des ARISTOTELES, in jedem Augenblick ist das Bewegte doch an einem Ort. In diesem Ort aber kann es sich nicht bewegen, weil es denselben genau ausfüllt. An einem Ort, wo es nicht ist, kann es sich auch nicht bewegen. In jedem Augenblick also bewegt sich das Bewegte nicht, also bewegt es sich überhaupt nicht.

Zur Erläuterung solcher Gedankengänge sei eine ähnliche Argumentation eines späteren Skeptikers gegen die zeitliche Existenz angeführt: Etwas existiert zeitlich doch nur, sofern es eine Zeitdauer hindurch existiert. Nun existiert etwas aber nicht deswegen, weil es existierte, und nicht deswegen, weil es existieren wird. Es existiert also nur in der Gegenwart. Die Gegenwart aber ist nur ein Jetzt, d. i. ein Augenblick oder Zeitpunkt, der Vergangenheit und Zukunft trennt. Ein Zeitpunkt aber ist ohne zeitliche Ausdehnung, ohne Dauer. Also gibt es keine Zeitdauer, in der etwas existiert. Also gibt es keine zeitliche Existenz.

Am berühmtesten ist ZENONS Paradoxon von Achilleus, der eine Schildkröte nicht einholen könne, weil es zwischen ihm und der Schildkröte unendlich viele teilende Punkte gibt.

Nicht weniger lehrreich als ZENON ist die Kritik, die ARISTOTELES an ihm übt. ARISTOTELES beruft sich dabei nicht auf die Mathematiker, weil es ontologische Fragen sind, um die es ihm geht, und weil er (wie ZENON) die Größe als Eigenschaft wirklicher Dinge und die Bewegung als wirklichen Vorgang erkennen will. ARISTOTELES begründet seine Physik[1], indem er an Anschaulichem anknüpfend die Dinge als stetig Ausgedehntes denkt und die Qualität Stetigkeit in die Mitte seiner Begriffsbildung rückt. Befriedigend auch für die Mathematik ist die auf Vorrang des

[1] Eine nähere Darstellung und Stellennachweise findet man in des Verfassers Buch *Das exakte Denken der Griechen*, insbesondere Seite 75—83.

Ausgedehnten beruhende These, daß Ruhe und Bewegung je eine Dauer haben und daß es sinnlos ist, von der Ruhe während eines Zeitpunktes zu sprechen, befriedigend nämlich, weil damit der Punkt nun nicht mehr als kleinste Strecke gedacht wird und ihm nun nicht mehr mit scheinbar zwingender Logik Eigenschaften zugedacht werden, die nur dem Ausgedehnten zukommen. Aber alsbald überschatten die anschauliche Stetigkeit und das ontologische Interesse die Frage nach der Verteilung der Punkte auf der stetigen Strecke. Er beraubt diese Frage ihres Gewichts durch Unterscheidung der Existenz von Punkten der Möglichkeit und der Wirklichkeit nach. Wirkliche Existenz kommt dann immer nur je endlich vielen Punkten einer Strecke zu, deren Verteilung in der Tat kein Problem ist. Aber die Mathematik untersucht auch nach ARISTOTELES das Mögliche!

Bemerkenswert ist, daß diese Überschattung gerade da einsetzt, wo unserer Analyse der Anschauung nach sich das Anschauliche ins Uneinsichtige verliert. ARISTOTELES verdeckt dies Problem seiner systematischen Lösung zuliebe und bereitet so dem Dogma der reinen Anschauung den Weg. ZENON ist schwerer zu deuten, aber man wird anerkennen dürfen, daß sein dunkler Scharfsinn uns mit unersetzlicher Eindringlichkeit das Paradoxon der Anschauung vor Augen stellt.

2. Ordnungszahlen

Wir wenden uns dem zweiten Teil unserer Aufgabe zu, indem wir uns aus der Vorstellung des Ausgedehnten als einer Größe und der Strecke als Größe und der Bestimmung von Punkten durch Halbierung lösen, und stellen statt des Begriffs der Größe, der, wie wir sahen, zur evidenten Beschreibung des Anschaulichen nicht geeignet ist, einen inhaltlich ärmeren Begriff an die Spitze: den Begriff der geordneten Punktmenge. Wir definieren: *Eine Gesamtheit* $\mathfrak{A}$ *von Elementen* p, *die auch Punkte heißen mögen, ist eine geordnete Punktmenge, wenn zwischen je zwei verschiedenen Elementen* p_1, p_2 *eine Relation besteht, die wir als "*p_1 *liegt links von* p_2*" lesen und "*$\mathrm{p}_1<\mathrm{p}_2$*" schreiben. Diese Relation erfülle die folgenden Axiome:*

1. *Gilt* $\mathrm{p}_1<\mathrm{p}_2$, *so gilt* $\mathrm{p}_2<\mathrm{p}_1$ *nicht.*
2. *Transitivitätsaxiom. Gilt* $\mathrm{p}_1<\mathrm{p}_2$ *und* $\mathrm{p}_2<\mathrm{p}_3$, *so gilt auch* $\mathrm{p}_1<\mathrm{p}_3$.

Stellen wir uns eine horizontale Strecke mit dem Anfangspunkt P und dem Endpunkt Q, bei der P im anschaulichen Sinne links von Q liegt, und auf dieser Strecke endlich viele Punkte vor, so ist die Gesamtheit dieser endlich vielen anschaulichen Punkte mit der anschaulichen Relation „liegt links von“ eine geordnete Menge. Sie enthält nur endlich viele Elemente, die wir numerieren können zu

$$P = p_0, p_1, p_2, \ldots, p_n = Q,$$

so daß

$$p_i < p_k \text{ genau dann gilt, wenn } i < k$$

gilt. Diese Aussagen sind evident wie die Folgerungen, die man aus ihnen ziehen kann, und die Axiome verführen uns nicht zu Konsequenzen, die das Vorgestellte und Aufweisbare überschreiten.

Eine unendliche geordnete Menge ist die Menge $\mathfrak{N}$ der natürlichen Zahlen, bei der die Relation $<$ als „ist kleiner als" gelesen werden kann. Die Einheitsstrecke der Zahlengeraden und die Zahlengerade selbst sind weitere geordnete Mengen. Da es mithin geordnete Mengen mit evidenten und mit nichtevidenten Anordnungsbeziehungen gibt, so ist zu erwarten, daß sich bei näherer Betrachtung geordneter Punktmengen die Leistung der Anschauung näher bestimmen läßt.

Dazu verhelfen uns gewisse Prozesse, die erlauben, aus gegebenen geordneten Mengen neue solche Mengen zu bilden. Sind $\mathfrak{A}$ und $\mathfrak{B}$ zwei geordnete Mengen, deren Elemente p beziehungsweise q heißen, so ist die *Summe* $\mathfrak{A} + \mathfrak{B}$ die Menge, die aus allen p und allen q besteht mit der zusätzlichen Definition $p < q$ für alle p und für alle q. Die Transitivität der dadurch in $\mathfrak{A} + \mathfrak{B}$ erklärten Relation folgt aus der Transitivität der Relationen in $\mathfrak{A}$ und $\mathfrak{B}$. Daher ist $\mathfrak{A} + \mathfrak{B}$ eine geordnete Menge, die übrigens von $\mathfrak{B} + \mathfrak{A}$ merklich verschieden ist. Das *Produkt* $\mathfrak{A}\,\mathfrak{B}$ wird definiert als die Menge aller Paare (p, q) mit der folgenden Anordnungsregel: es gilt $(p, q) < (p', q')$, 1. wenn $p < p'$ gilt und 2. wenn $p = p'$ und $q < q'$ gilt. Dadurch ist die Anordnung der Elemente von $\mathfrak{A}\,\mathfrak{B}$ erklärt. Die Transitivität der Relation folgt aus der Transitivität der Relation in $\mathfrak{A}$ und $\mathfrak{B}$. Daher ist $\mathfrak{A}\,\mathfrak{B}$ eine geordnete Menge, die übrigens von $\mathfrak{B}\,\mathfrak{A}$ verschieden ist, weil die Elemente von $\mathfrak{B}\,\mathfrak{A}$ ja die Paare (q, p) sind. Für diese Verknüpfungen gilt ein distributives Gesetz

$$(\mathfrak{A} + \mathfrak{B})\,\mathfrak{C} = \mathfrak{A}\,\mathfrak{C} + \mathfrak{B}\,\mathfrak{C}.$$

Sind r die Elemente von $\mathfrak{C}$, so sind die Elemente der Menge $(\mathfrak{A} + \mathfrak{B})\,\mathfrak{C}$ wie der Menge $\mathfrak{A}\,\mathfrak{C} + \mathfrak{B}\,\mathfrak{C}$ genau die Paare (p, r), (q, r). Die Anordnung dieser Paare ist auf zwei Weisen erklärt, aber weil $p < q$ für alle p, q gilt, so führen beide Wege zu demselben Ergebnis. Für die Summenbildung gilt das assoziative Gesetz, und es folgt dann leicht, daß das distributive Gesetz auch für mehrere Summanden gilt. Als Unterschied zu den gewöhnlichen Operationsregeln ist zu merken, daß das distributive Gesetz für den rechten Faktor nicht gilt. Auch die Multiplikation läßt sich iterieren und ist assoziativ[1].

[1] Zur Theorie der geordneten Mengen vergleiche man A. FRAENKEL, *Einleitung* in die Mengenlehre.

Was wir zeigen wollen, ist, daß die angegebenen Operationen zu der Definition einer umfassenden Gattung von Zahlen führen, welche die natürlichen Zahlen mit enthält und in geregelter Weise über Unendlich hinauszuzählen erlaubt. Wir schränken zunächst die Anordnung durch ein neues Axiom ein. Eine Anordnung, die diesem Axiom genügt, heißt Wohlordnung, eine Menge mit einer solchen Anordnung eine wohlgeordnete und das Axiom das *Axiom der Wohlordnung.* Es lautet:

Die Menge $\mathfrak{A}$ *besitzt ein kleinstes Element* $\mathfrak{p}_0$ *mit* $p_0 < \mathfrak{p}$ *für alle von* $\mathfrak{p}_0$ *verschiedenen* $\mathfrak{p}$. *Ist* $\mathfrak{T}$ *irgend eine Teilmenge von* $\mathfrak{A}$, *d. h. eine Menge, deren Elemente alle in* $\mathfrak{A}$ *vorkommen, so besitzt auch* $\mathfrak{T}$ *ein kleinstes Element.* Die Anordnung in $\mathfrak{T}$ ist dabei dieselbe wie die in $\mathfrak{A}$. Weil jede Teilmenge von $\mathfrak{T}$ auch eine Teilmenge von $\mathfrak{A}$ ist, so folgt sofort, daß auch $\mathfrak{T}$ wohlgeordnet ist.

Für das intuitive Verständnis bietet der Begriff der Wohlordnung keine Schwierigkeit. Denn endliche geordnete Mengen sind offenbar auch wohlgeordnet. Ebenso ist die Menge der natürlichen Zahlen wohlgeordnet, denn in jeder Menge natürlicher Zahlen gibt es eine kleinste. Sind $\mathfrak{A}$ und $\mathfrak{B}$ wohlgeordnet, so ist $\mathfrak{A} + \mathfrak{B}$ und $\mathfrak{A}\,\mathfrak{B}$ wohlgeordnet. In der Tat, das erste Element von $\mathfrak{A}$ ist auch das erste in $\mathfrak{A} + \mathfrak{B}$ und eine Teilmenge $\mathfrak{T}$ von $\mathfrak{A} + \mathfrak{B}$ ist entweder in $\mathfrak{B}$ enthalten und hat dann also ein erstes Element oder $\mathfrak{T}$ enthält auch Elemente von $\mathfrak{A}$; die Elemente, die gleichzeitig in $\mathfrak{T}$ und $\mathfrak{A}$ liegen, bilden dann eine Teilmenge von $\mathfrak{A}$, die ein kleinstes Element enthält, das in $\mathfrak{A} + \mathfrak{B}$ allen Elementen von $\mathfrak{B}$ vorausgeht und daher kleinstes Element von $\mathfrak{T}$ ist. — Das erste Element von $\mathfrak{A}\,\mathfrak{B}$ ist das Paar aus dem ersten Element von $\mathfrak{A}$ und dem ersten Element von $\mathfrak{B}$. Ist $\mathfrak{T}$ eine Menge von Paaren $(\mathfrak{p}, \mathfrak{q})$, so sei $\mathfrak{T}^*$ die Menge der darin auftretenden $\mathfrak{p}$ und $\mathfrak{p}_1$ das kleinste darunter. Wir betrachten dann alle $(\mathfrak{p}_1, \mathfrak{q})$ aus $\mathfrak{T}$ und wählen das kleinste $\mathfrak{q}_1$, das dabei auftritt, aus. Dann ist $(\mathfrak{p}_1, \mathfrak{q}_1)$ das kleinste Element von $\mathfrak{T}$.

Summe und Produkt endlicher Mengen liefern wieder endliche Mengen. Enthalten $\mathfrak{A}$ und $\mathfrak{B}$ beziehungsweise $\mathfrak{m}$ und $\mathfrak{n}$ Elemente, so enthält $\mathfrak{A} + \mathfrak{B}$ gerade $\mathfrak{m} + \mathfrak{n}$ und $\mathfrak{A}\,\mathfrak{B}$ gerade $\mathfrak{m} \cdot \mathfrak{n}$ Elemente. Aber ziehen wir die Menge $\mathfrak{N}$ der natürlichen Zahlen als Summand oder Faktor heran, so entstehen auch neuartige Typen geordneter Mengen. Die Menge $\mathfrak{N}$ hat kein letztes Element, da es zu jeder natürlichen Zahl $\mathfrak{n}$ eine nächstfolgende $\mathfrak{n} + 1$ gibt. Jede endliche Menge besitzt dagegen ein letztes Element. Ist nun $\mathfrak{A}$ eine endliche Menge, so ist $\mathfrak{N} + \mathfrak{A}$ eine Menge, die unendlich ist und ein letztes Element besitzt, denn das letzte Element von $\mathfrak{A}$ ist auch das letzte Element von $\mathfrak{N} + \mathfrak{A}$.

Um von den geordneten Mengen zu den Ordnungszahlen zu kommen, ist noch eine formale Vorsorge zu treffen. Wir erklären den *Typ* geordneter Mengen prägnant als *die Klasse zueinander äquivalenter geordneter Mengen. Die geordneten Mengen* $\mathfrak{A}$ *und* $\mathfrak{A}^*$ *sind äquivalent, wenn es eine umkehrbar eindeutige Zuordnung der Elemente der einen Menge zu denen der anderen gibt, welche die Anordnung erhält,* ausführlicher, wenn es eine Zuordnung f gibt, die jedem Element p aus $\mathfrak{A}$ ein Element $p^* = f(p)$ aus $\mathfrak{A}^*$ zuordnet und zwar so, daß dabei umgekehrt zu jedem Element p^* genau ein p existiert mit $p^* = f(p)$, und wenn ferner mit $p_1 < p_2$ stets auch $f(p_1) < f(p_2)$ gilt.

Endliche Mengen sind äquivalent, wenn sie aus gleich viel Elementen bestehen. So entspricht einem endlichen Typ genau eine natürliche Zahl. Der durch die Menge $\mathfrak{N}$ der natürlichen Zahlen bestimmte Typ wird üblicherweise mit ω bezeichnet. *Typen wohlgeordneter Mengen heißen Ordnungszahlen,* die natürlichen Zahlen sind also Ordnungszahlen und ω ist eine unendliche Ordnungszahl. Aus der Verknüpfung geordneter Mengen lassen sich leicht Verknüpfungen für Typen geordneter Mengen und für Ordnungszahlen erklären. Sind τ, τ' zwei Typen, $\mathfrak{A}$ eine Menge vom Typus τ, $\mathfrak{A}'$ eine vom Typus τ', so ist $\tau + \tau'$ der Typus von $\mathfrak{A} + \mathfrak{A}'$. Die Rechtfertigung dieser Definition liegt darin, daß sie von der Auswahl von $\mathfrak{A}$ aus τ und von $\mathfrak{A}'$ aus τ' nicht abhängt. Ebenso wird $\tau\tau'$ als Typus von $\mathfrak{A}\,\mathfrak{A}'$ erklärt. Die Verknüpfungen der endlichen Typen sind identisch mit der natürlichen Addition und Multiplikation der natürlichen Zahlen. Bei der Verknüpfung von Ordnungszahlen entstehen wieder Ordnungszahlen, weil Summe und Produkt wohlgeordneter Mengen wieder wohlgeordnet sind.

Ein Vorteil des Rechnens mit Typen ist, daß man durch Auswahl geeigneter Repräsentanten einen Typus zu sich selbst addieren und mit sich selbst multiplizieren kann. Dadurch ist der Typus $\omega + \omega$ und allgemeiner der Typus $\omega + \omega + \cdots + \omega$ mit endlich vielen Summanden erklärt, ferner der Typus $\omega\omega = \omega^2$ und allgemeiner $\omega\omega \cdots \omega = \omega^n$. Um sich den Typus $\omega + n$ vorzustellen, repräsentiere man ω zum Beispiel durch die Zahlen

$$c_k = 1 - \frac{1}{k} \qquad (k = 1,2, \ldots)$$

und n durch die Zahlen $1,2,\ldots, n$ auf der Zahlengeraden. Die c_k bilden eine monoton zunehmende Zahlenfolge, welche gegen 1 konvergiert und auf die dann die Zahlen $1,2,\ldots, n$ in natürlicher Anordnung folgen. Ähnlich kann man $\omega + \omega$ durch die c_k und die

$$d_k = 2 - \frac{1}{k} \quad (k = 1,2,\ldots)$$

repräsentieren. Die Elemente von $\omega\omega$ kann man sich als die Eckpunkte eines Quadratnetzes

$$k, l \quad (k = 1,2,\ldots;\ l = 1,2,\ldots)$$

vorstellen, wobei die Punkte mit gleicher Abszisse k nach wachsendem l aufeinanderfolgen. Die Punkte mit gleicher Abszisse bilden je Teilmengen vom Typus ω und die ganze Menge setzt sich aus der Reihe dieser Teilmengen nach wachsenden Abszissen zusammen.

* * *

Daß die Addition und die Multiplikation der Ordnungszahlen assoziativ ist und daß das distributive Gesetz gilt, wenn der linke Faktor eine Summe ist, ergibt sich unmittelbar aus den entsprechenden Gesetzen der Mengenverknüpfung. Außerdem aber gelten besondere Formeln für das *Rechnen mit ω und den natürlichen Zahlen*, die uns erlauben, die durch iterierte Addition und Multiplikation von ω und den natürlichen Zahlen aus erreichbaren Ordnungszahlen zu übersehen.

Die fundierende Formel ist

$$1 + \omega = \omega.$$

Zum Beweis repräsentieren wir den Typus 1 durch die Menge, die aus dem einen Element 0 besteht, und ω durch die Menge $\mathfrak{N}$ der natürlichen Zahlen. Alsdann wird $1 + \omega$ durch die Menge 0, 1, 2, ... repräsentiert, die offenbar wieder vom Typus ω ist. Durch Iterierung folgt

$$2 + \omega = 1 + 1 + \omega = 1 + \omega = \omega$$

und allgemein durch endliche Induktion für $n > 1$

$$n + \omega = (n - 1) + 1 + \omega = (n - 1) + \omega = \omega.$$

Ferner ist nach dem distributiven Gesetz und der Formel $1 + \omega = \omega$

$$\omega + \omega^2 = (1 + \omega)\,\omega = \omega\omega = \omega^2$$

und folglich

$$1 + \omega^2 = 1 + (\omega + \omega^2) = (1 + \omega) + \omega^2 = \omega + \omega^2 = \omega^2.$$

Durch iterierte Anwendung folgt dann

$$m\omega + \omega^2 = \omega^2, \quad m + \omega^2 = \omega^2.$$

Analoges gilt für höhere Exponenten. Wir zeigen zunächst, daß

$$1 + \omega^n = \omega^n \quad \text{aus} \quad 1 + \omega^{n-1} = \omega^{n-1}$$

folgt. Es ist dann nämlich zunächst

$$(1 + \omega^{n-1})\,\omega = \omega^{n-1}\,\omega\,,$$

also

$$\omega + \omega^{n} = \omega^{n}.$$

Also ist

$$1 + \omega^{n} = 1 + (\omega + \omega^{n}) = (1 + \omega) + \omega^{n} = \omega + \omega^{n} = \omega^{n}.$$

Nun folgt

$$\omega^{k} + \omega^{l} = \omega^{l} \quad \text{für} \quad k < l.$$

Denn

$$\omega^{k} + \omega^{l} = (1 + \omega^{l-k})\,\omega^{k} = \omega^{l-k}\,\omega^{k} = \omega^{l}.$$

Ferner ist

$$n\,\omega^{k} + \omega^{l} = \omega^{l} \quad \text{für} \quad k < l.$$

Denn

$$n\,\omega^{k} + \omega^{l} = (n - 1)\,\omega^{k} + \omega^{k} + \omega^{l} = (n - 1)\,\omega^{k} + \omega^{l}.$$

Direkt nach der Definition des Produktes beweisen wir nun

$$\omega\, m = \omega.$$

Der Typus der linken Seite wird durch die Paare

$$(k, l) \quad \text{mit} \quad k = 1, 2, \ldots; \; l = 1, 2, \ldots, m,$$

also durch die Eckpunkte eines Quadratnetzes dargestellt, wo aber zu jeder Abszisse nur endlich viele Ordinatenwerte gehören. Infolgedessen kann man sich die gleich langen Strecken, die durch zwei Punkte mit gleicher Abszisse und der Ordinate 1 beziehungsweise m bestimmt werden, hintereinander auf der Zahlengeraden abgetragen denken und dann die ganze Menge mit natürlichen Zahlen durchnumerieren. Daraus folgt das Behauptete. Ferner folgt

$$\omega^{k}\, m = \omega^{k-1}\,\omega\, m = \omega^{k-1}\,\omega = \omega^{k}.$$

Danach lassen sich alle Produkte aus ω und den natürlichen Zahlen in die Gestalt $m\,\omega^{k}$ bringen.

Aber auch die Summen solcher Produkte lassen sich, obgleich ja

$$\omega + 1 \neq \omega$$

ist und das kommutative Gesetz der Addition also nicht gilt, erheblich vereinfachen. Wir dürfen nämlich voraussetzen, daß diese Summen nach fallenden Exponenten geordnet sind, weil Summanden von links mit kleineren Exponenten, wie wir oben zeigten, von dem nachfolgenden Summanden verschluckt werden. Also bleiben nur Ausdrücke

$$\pi = m_{g}\,\omega^{g} + m_{g-1}\,\omega^{g-1} + \cdots + m_{1}\,\omega + m_{0}$$

übrig; das sind Polynome in ω mit ganzzahligen Koeffizienten. Die Zahl g heiße wie bei Polynomen der Grad von π. Die Summe zweier solcher

Ausdrücke $\pi_1 + \pi_2$ ist aber ganz anders als bei Polynomen zu berechnen. Sie ergibt sich durch Anwendung der Additionsregeln des Verschluckens.

Um das zu verdeutlichen, sei zunächst π_1 von geringerem Grade als π_2. Dann stehen links von dem ersten Glied von π_2 nur Glieder mit kleinerem Exponenten, also ist in diesem Fall $\pi_1 + \pi_2 = \pi_2$. Hat das letzte Glied von π_1 einen höheren Exponenten als das erste Glied von π_2, so ist $\pi_1 + \pi_2$ schon nach absteigenden Exponenten geordnet. Hat das letzte Glied von π_1 denselben Exponenten wie das erste von π_2, so sind nur die Koeffizienten dieser Glieder zu addieren. Ist schließlich der Grad von π_1 größer oder gleich dem von π_2 und der Exponent des letzten Gliedes von π_1 kleiner als der Grad von π_2, so läßt sich $\pi_1 = \pi_{11} + \pi_{12}$ setzen, so daß $\pi_{12} + \pi_2 = \pi_2$ und $\pi_1 + \pi_2 = \pi_{11} + \pi_2$ ist und in diesem Ausdruck höchstens nur noch zwei Glieder mit gleichem Exponenten nebeneinander stehen und zusammenzufassen sind.

* * *

Wir müssen nun die durch die π bestimmten Typen zu ermitteln suchen. Wir wissen zwar, daß diese Typen existieren, kennen aber je entsprechende geordnete Mengen nicht und wissen z. B. nicht, ob verschiedene π auch verschiedene Typen bestimmen und ob es nicht noch andere Umformungsprozesse für die π gibt, bei denen der zugehörige Typus unverändert bleibt. *Die Bestimmung des Typs von π ergibt sich einheitlich, indem wir in der Menge $\mathfrak{P}$ der π, zu der wir auch das Symbol* 0 *hinzunehmen, eine Anordnung erklären, die eine Wohlordnung ist.*

Das erste Element von $\mathfrak{P}$ sei 0. Haben π, π' verschiedene Grade g, g', so ist $\pi < \pi'$ gleichbedeutend mit $g < g'$. Haben π, π' denselben Grad g und verschiedene höchste Koeffizienten m_g, m_g', so ist $\pi < \pi'$ gleichbedeutend mit $m_g < m_g'$. Haben π, π' denselben Grad und denselben höchsten Koeffizienten, so gibt es einen höchsten Exponenten k, zu dem verschiedene Koeffizienten m_k, m_k' gehören. Dann ist $\pi < \pi'$ gleichbedeutend mit $m_k < m_k'$. Dadurch ist die Anordnung für alle Paare erklärt.

Daß die Anordnung transitiv ist, ergibt sich unmittelbar, wenn für beide π, π' derselbe Definitionsfall vorliegt, und dann leicht allgemein. Ferner ist diese Anordnung eine Wohlordnung. Ist nämlich $\mathfrak{T}$ eine Menge von Symbolen π, so sei g_0 der kleinste Grad, den diese π annehmen, m_{g_0} sei der kleinste der ersten Koeffizienten aller π vom Grade g_0, ferner m_{g_0-1} der kleinste zweite Koeffizient aller π vom Grade g_0 und mit dem ersten Koeffizienten m_{g_0}, m_{g_0-2} der kleinste dritte Koeffizient aller π vom

Grad g_0, mit dem ersten Koeffizienten m_{g_0} und dem zweiten Koeffizienten m_{g_0-1} und so fort für alle Exponenten $g_0 - 3, \ldots, 0$. Wichtig ist zu überlegen, daß diese Auswahlvorschrift ausführbar ist. Sie ist es, weil es sich immer nur um absteigende Folgen ganzer Zahlen handelt, die als Exponenten oder Koeffizienten auftreten und weil es in solchen Folgen dank der Wohlordnung der natürlichen Zahlen immer ein kleinstes Element gibt. Daß das so bestimmte Element das kleinste von $\mathfrak{T}$ ist, ergibt sich unmittelbar aus der Vorschrift und der Erklärung der Anordnung der π.

Nun sind wir soweit, daß wir den Typ von π direkt bestimmen können. Die Gesamtheit aller π' mit $\pi' < \pi$ ist eine durch π bestimmte Teilmenge von $\mathfrak{P}$, der durch π bestimmte *Abschnitt* $\mathfrak{A}_\pi$ von $\mathfrak{P}$. Wir behaupten nun

1. *Der durch* $\mathfrak{A}_\pi$ *bestimmte Ordnungstyp ist die Ordnungszahl* π.

2. *Zwei verschiedene Abschnitte* $\mathfrak{A}_{\pi_1}$, $\mathfrak{A}_{\pi_2}$ *sind nicht äquivalent.*

Hieraus folgt dann, daß verschiedene π verschiedene Ordnungszahlen bestimmen und daß man kurz von der Ordnungszahl π sprechen darf.

Den Beweis des ersten Satzes führen wir zuerst für die ω^n. Der durch ω^n bestimmte Abschnitt besteht aus allen π', deren Grad kleiner als n ist. Für $n = 1$ sind das die natürlichen Zahlen mit Einschluß der Null, die ja den Typus ω repräsentieren. Für $n = 2$ sind es die Ausdrücke

$$m_1 \omega + m_0 \quad (m_1, m_0 = 0, 1, \ldots),$$

die genau den Zahlenpaaren (m_1, m_0) von natürlichen Zahlen entsprechen und in der Tat den Typus ω^2 repräsentieren. Wir schließen nun von n auf $n + 1$. Für die π' mit $\pi' < \omega^{n+1}$ schreiben wir $\pi' = m_n \omega^n + \pi''$, wo m_n auch gleich 0 sein darf und $\pi'' < \omega^n$ ist. Danach lassen sich diese π' eindeutig den Paaren

$$(m_n, \pi'') \quad \text{mit } m_n = 0, 1, \ldots; \quad \pi'' < \omega^n$$

zuordnen und wenn der Abschnitt von ω^n den Typus ω^n darstellt, so stellen diese Paare den Typus $\omega \omega^n = \omega^{n+1}$ dar.

Nun betrachten wir die Elemente $m \omega^n$ und zerlegen die π' mit $\pi' < m \omega^n$ in

$$\pi' = m_n \omega^n + \pi'' \quad \text{mit } m_n < m \text{ und } \pi'' < \omega^n.$$

Wieder läßt sich jedem solchen π' ein Paar (m_n, π'') zuordnen und die Gesamtheit derselben stellt tatsächlich den Typus $m \omega^n$ dar.

Für die übrigen Elemente folgt das Behauptete durch die Darstellung des zugehörigen Abschnitts als eine Summe. Sei $\pi = m \omega^n + \pi^*$ das Element, dessen Abschnitt zu bestimmen ist. Derselbe enthält $m \omega^n$ und also den Abschnitt von $m \omega^n$ und die weiteren Elemente $m \omega^n + \pi'$ mit $\pi' < \pi^*$. Wir machen nun wieder eine Induktionsannahme, nämlich:

für alle π_g, deren Grad $g < n$ ist, ist der Typus des Abschnitts die Ordnungszahl π_g. Dann folgt: Die Menge der Elemente $m\omega^n + \pi'$ ist vom Typus der Ordnungszahl π^*. Und daher ist der Abschnitt von $m\omega^n + \pi^*$ die Summe aus dem Abschnitt von $m\omega^n$ und einer Menge vom Typus π^*. Nach der Definition der Summe von Ordnungszahlen ist also die Ordnungszahl des Abschnitts von $m\omega^n + \pi^*$ gleich der Summe der Ordnungszahlen der Summanden, also gleich $m\omega^n + \pi^*$.

Den Beweis des zweiten Satzes führen wir so: Gibt es überhaupt verschiedene äquivalente Abschnitte $\mathfrak{A}_\pi$, $\mathfrak{A}_{\pi'}$, so gibt es unter den zugehörigen π wegen der Wohlordnung von $\mathfrak{P}$ ein kleinstes π_0 und ein π_0' mit $\pi_0 < \pi_0'$, $\mathfrak{A}_{\pi_0}$ äquivalent zu $\mathfrak{A}_{\pi_0'}$. Nach Definition der Äquivalenz gibt es dann eine Zuordnung f, welche $\mathfrak{A}_{\pi_0'}$ eindeutig und unter Erhaltung der Anordnung auf $\mathfrak{A}_{\pi_0}$ abbildet. Bei einer solchen Abbildung gehen Abschnitte in Abschnitte über, das heißt ist $f(\bar{\pi}) = \bar{\pi}^*$, so geht der durch $\bar{\pi}$ bestimmte Abschnitt $\mathfrak{A}_{\bar{\pi}}$, der in $\mathfrak{A}_{\pi_0'}$ enthalten ist, in den durch $\bar{\pi}^*$ bestimmten Abschnitt $\mathfrak{A}_{\bar{\pi}^*}$, der in $\mathfrak{A}_{\pi_0}$ enthalten ist, über. Das ist richtig, weil die Abbildung f die Anordnung erhält und die Abschnitte durch die Anordnung erklärt sind. Nun ist aber π_0 selbst ein $\bar{\pi}$ und so wird der Abschnitt $\mathfrak{A}_{\pi_0}$ in den Abschnitt von $f(\pi_0)$ übergeführt und da $f(\pi_0) < \pi_0$ ist, so ist π_0 nicht das kleinste der π, dessen Abschnitt zu einem andern äquivalent ist. Man kann den Sachverhalt auch so ausdrücken: Eine Abbildung f, welche einen Abschnitt $\mathfrak{A}_\pi$ in einen Abschnitt $\mathfrak{A}_{\pi'}$ abbildet, ist immer die identische Abbildung.

Die Elemente ω^n haben besondere Eigenschaften. Sind π, π' beide kleiner als ω^n, so ist auch $\pi + \pi'$ kleiner als ω^n und $\pi + \omega^n = \omega^n$. Es ist nicht schwierig zu zeigen, daß die eine dieser beiden Eigenschaften aus der anderen folgt und daß sie gerade nur den Elementen ω^n zukommen.

Noch einige Worte zur anschaulichen Vorstellung der geordneten Menge $\mathfrak{P}$. Man denke sich den ω^n $(n = 0, 1, 2, \ldots)$ Punkte auf der Zahlengeraden zugeordnet, zwischen ω^{n-1} und ω^n die Punkte $m\omega^{n-1}$ eingetragen $(m = 2, 3, \ldots)$, fasse nun die Intervalle mit den Eckpunkten $m\omega^{n-1}$, $(m+1)\,\omega^{n-1}$ ins Auge und denke in dasselbe eine Menge vom Typus ω^{n-1} eingetragen. Das ist eine Anweisung zu einer Iteration vorstellbarer Prozesse, die im Prinzip einfacher als die zur Definition der reellen Zahlen auf der Zahlengeraden dienenden Prozesse sind. Aber sie sind anstrengender und verwirrender und deswegen geeignet, uns zur Besinnung über den Unterschied von Gewohnheit, Handlichkeit und klarer Anschauung zu bringen und die eigenartige Rolle der Iteration und

Induktion in der Anschauung zu verdeutlichen. Weil wir hier immer Regeln beachten müssen, um nicht in die Irre zu gehn, bleibt uns die Konstruktion als Akt bewußt und die Anschauung wird nun nicht gleich zu vermeintlicher Einsicht, sondern ist ein Vollzug anschaulicher Akte, die dem Denken ähnlicher sind als dem Erkennen.

3. Kombinatorische Topologie

In weiterer Verfolgung der Aufgabe, die wir uns auf S. 71 stellten, halten wir nunmehr nach evidenten Tatsachen der ebenen Geometrie Ausschau. Unserer Kritik an der Anschaulichkeit von Strecken als Größen zufolge werden wir solche Tatbestände nicht unter den metrisch regelmäßigen Figuren, wie den gleichseitigen Dreiecken oder Quadraten suchen. Auch die Schließungssätze liefern solche Tatbestände nicht. Denn die Figuren, an denen wir ihren Inhalt verstehen, bestehen aus gezeichneten Linien und Punkten, für die niemand die strengen Eigenschaften in Anspruch nimmt, die für den Sinn der Schließungssätze ausschlaggebend sind. Handelt es sich in diesen Sätzen doch immer um die Identifizierung zweier Konstruktionsergebnisse, und man braucht nur an eine der axiomatischen Regeln für diese Identifikation, etwa daß zwei verschiedene Punkte nur eine Gerade bestimmen, zu denken, um einzusehen, daß eine solche eindeutige Bestimmtheit an Zeichnungen nicht aufgewiesen werden kann.

Anschaulich ist es hingegen, daß eine Gerade in der Ebene zwei Seiten hat oder daß eine Gerade die Ebene in zwei Halbebenen zerlegt oder besser, daß eine rechteckige Tafel mit ihren zwei horizontalen und zwei vertikalen Kanten durch eine vertikale Gerade in zwei Rechtecke unterteilt wird — ganz ähnlich, wie ein Punkt eine Strecke, auf der er liegt, unterteilt. Und so sehen wir denn auch gleich, daß eine endliche Menge vertikaler Geraden $v_1, v_2, \ldots, v_m$ auf der Tafel eine Anordnung besitzt, die sich sowohl aus der Anordnung der Randpunkte auf der unteren Kante wie aus der Anordnung der Randpunkte auf der oberen Kante ablesen läßt und eine Unterteilung der Tafel in nebeneinanderliegende Streifen bewirkt. Die Numerierung kann so getroffen werden, daß v_i links von v_k liegt, wenn $i < k$ ist. Analoges gilt offenbar für eine endliche Menge horizontaler Geraden $h_1, h_2, \ldots, h_n$. Dabei liege h_i unterhalb von h_k, wenn $i < k$ ist. Und wir brauchen uns nur diese beiden Unterteilungen gleichzeitig auf der Tafel eingetragen vorzustellen, um zu einem Tatbestand zu kommen, dessen anschauliche Zugänglichkeit uns durch die Anordnungsbeziehungen, die ihn bestimmen, vermittelt wird und der doch zugleich charakteristisch für die Ebene ist und als eine übersichtliche Unterteilung eines Rechtecks in Rechtecke unser unmittelbares Interesse erweckt. Gewiß sind es metrisch regelmäßige Einteilungen in Quadrate, die wir unter solchen Einteilungen bevorzugen, weil sie uns bei der graphischen Darstellung von Rechenergebnissen nützlich sind. Aber der Nutzen einer vorgegebenen Einteilung, etwa auf dem Millimeterpapier, besteht ja in der Erleichterung der Größenvergleichung, welche dank der Einteilung auf Vergleichung von Anordnungsbeziehungen zurückgeführt wird. Die Regelmäßigkeit der Einteilung des Millimeterpapiers setzen wir voraus und worauf wir unsere Aufmerksamkeit richten, sind die kombinatorischen Eigenschaften des Netzes. Diese Eigenschaften, die sich offenbar nicht in den Anordnungsbeziehungen der horizontalen und vertikalen Geraden, die das Netz bestimmen, erschöpfen, wollen wir nun uns zum Bewußtsein bringen und um ihrer selbst willen studieren. Hierzu verhilft uns eine zweckmäßige Bezeichnung für die Ecken, Strecken und Rechtecke des Netzes.

Die vertikalen Kanten der Tafel seien mit v_0, v_{m+1}, die horizontalen mit h_0, h_{n+1} bezeichnet. Die *Ecken* bekommen Doppelindizes

$$p_{ik} \quad (i = 0, 1, \ldots, m+1; \quad k = 0, 1, \ldots, n+1),$$

und zwar sei p_{ik} der Schnittpunkt von v_i mit h_k. Die Ecke p_{00} ist also die linke untere Tafelecke. Die Ecken $p_{00}, p_{10}, \ldots, p_{m+1,0}$ folgen in der Anordnung ihrer ersten Indizes von links nach rechts aufeinander; die Ecken $p_{00}, p_{01}, \ldots, p_{0,n+1}$ folgen von unten nach oben in der Reihenfolge ihrer zweiten Indizes aufeinander. Die *Strecken* seien sämtlich orientiert, so daß sie je einen Anfangspunkt und einen Endpunkt haben, und zwar alle horizontalen Strecken so, daß sie von links nach rechts und alle vertikalen so, daß sie von unten nach oben zeigen. Die Strecken der unteren horizontalen Kante seien von links nach rechts $u_0, u_1, \ldots, u_m$. Die übrigen horizontalen Strecken bekommen Doppelindizes

$$s_{ik} \quad (i = 0, 1, \ldots, m; \quad k = 1, 2, \ldots, n+1).$$

Die vertikalen Strecken seien

$$t_{ik} \quad (i = 0, 1, \ldots, m+1; \quad k = 0, 1, \ldots, n),$$

und zwar sei der Anfangspunkt von s_{ik} sowie der Anfangspunkt von t_{ik} die Ecke p_{ik}. Dann ist der Endpunkt von s_{ik} die Ecke $p_{i+1,k}$ und der Endpunkt von t_{ik} die Ecke $p_{i,k+1}$. Schließlich geben wir auch den *Rechtecken* Doppelindizes, und zwar sei

$$R_{ik} \quad (i = 0, 1, \ldots, m; \quad k = 0, 1, \ldots, n)$$

das Rechteck mit der linken unteren Ecke p_{ik}. Wenn wir den Rand von R_{ik} dem Uhrzeigersinn entgegengesetzt von p_{ik} aus durchlaufen, so haben wir zuerst s_{ik}, dann $t_{i+1,k}$, dann $s_{i,k+1}$ aber von rechts nach links und dann t_{ik} aber von oben nach unten zu passieren. Mit den kombinatorischen Eigenschaften des Netzes meinen wir nun nichts anderes als die eben geschilderten *Berandungsbeziehungen* zwischen den Ecken, den orientierten Strecken und den Rechtecken des Netzes.

Überlegen wir uns, daß wir zur Ermittlung der horizontalen und vertikalen Geraden h_k, v_i und ihrer Anordnungsbeziehungen nicht auf die gewählte Numerierung angewiesen sind, sondern sie aus den Berandungsbeziehungen selbst ableiten können. Die Ecken p_{00}, $p_{m+1,0}$, $p_{0,n+1}$, $p_{m+1,n+1}$ sind dadurch gekennzeichnet, daß sie nur zwei Strecken beranden. Die übrigen Ecken auf den Kanten der Tafel sind dadurch gekennzeichnet, daß sie je nur drei Strecken beranden. Die Strecken der Kanten sind dadurch gekennzeichnet, daß sie von solchen Kantenecken berandet werden, und alle diese Strecken schließen sich sukzessive aneinander und liefern den vollen Rand der Tafel mit der Markierung der Anordnung. Vom Rand aus ist es dann leicht, die horizontalen und vertikalen Geraden h_k und v_i zusammenzusetzen und festzustellen, daß sie sich je in p_{ik} schneiden.

Die unmittelbar verständliche Beschreibung des Netzes ist nun soweit gediehen, daß dadurch die Grundlage für die Anwendung einer mathematischen Theorie bereitgestellt ist, nämlich für die Anwendung der Theorie der *Ketten* und der *Homologie* von Ketten, des einfachsten Kapitels der kombinatorischen Topologie. An die Ausdrucksweise und die Methoden dieser Theorie wird man sich gewöhnen müssen, da sie neuartig ist. Der Sache nach führt die Theorie aber nicht unter der Hand Voraussetzungen ein, die das Evidente überfordern, wie das bei den Axiomen der Euklidischen Geometrie geschieht, und so liefert uns diese Theorie exakte Aussagen, deren Wahrheit auf Evidenz begründet werden kann und die doch nicht trivial sind und nur durch Beweise zu echter Evidenz gebracht werden können. Um die Leistung der Theorie zu würdigen, müssen wir uns allerdings vor der gewohnten Verwechslung von Plausiblem und Evidentem hüten und den Maßstab der Strenge anlegen. Das Hauptergebnis der Theorie ist nämlich ein Satz, der auf den ersten Blick so plausibel wirkt, daß er keines Beweises bedürftig zu sein scheint. Es ist der JORDANsche Kurvensatz, spezialisiert für Polygone unseres Netzes:

Ein einfaches geschlossenes Polygon aus Strecken des Netzes umschließt ein zweidimensionales Gebiet, das Innere des Polygons, das sich aus Rechtecken R_{ik} *des Netzes zusammensetzen läßt.*

Der Beweis, den wir führen werden, liefert zugleich eine Anweisung zur Konstruktion des Inneren aus dem gegebenen Polygon, und wenn man sich nicht mit Plausiblem begnügen und eine prägnante Anweisung für die Konstruktion des Inneren haben will, so wird man sich davon überzeugen können, daß dafür solche Methoden, wie wir sie nun entwickeln wollen, unentbehrlich sind.

* * *

Zunächst einige Definitionen. Eine *nulldimensionale Kette* c^0 unseres Netzes ist eine Linearkombination der Punkte p_{ik}

$$c^0 = a_{00}\, p_{00} + a_{01}\, p_{01} + \cdots$$

Die a_{ik} sind ganze Zahlen und heißen die Koeffizienten der Kette. Wir bilden die Summe zweier Ketten, indem wir entsprechende Koeffizienten addieren. Die Gesamtheit der nulldimensionalen Ketten ist, wie man ähnlich wie bei den Vektoren erschließt, eine kommutative Gruppe. Eine *eindimensionale Kette* c^1 unseres Netzes ist eine Linearkombination der Strecken. Setzen wir der Einheitlichkeit halber $u_i = s_{i0}$, so ist

$$c^1 = a_{00}\, s_{00} + a_{01}\, s_{01} + \cdots + a'_{00}\, t_{00} + a'_{01}\, t_{01} + \cdots$$

Die Koeffizienten a_{ik}, a'_{ik} sind wieder ganze Zahlen und die Addition der Ketten wird wieder durch Addition entsprechender Koeffizienten erklärt. Analoges gilt für die *zweidimensionalen Ketten* c^2, die durch

$$c^2 = a_{00}\, R_{00} + a_{01}\, R_{01} + \cdots$$

erklärt sind. Auch die Gesamtheit der eindimensionalen und der zweidimensionalen Ketten bilden je eine kommutative Gruppe.

Nun setzen wir die Berandungsbeziehungen in die Kettenschreibweise um, indem wir jeder Kette c^1, c^2 eine Randkette $\dot{c}^1$, $\dot{c}^2$ zuordnen und zwar durch die folgenden Festsetzungen:

$$\dot{c}^1 = a_{00}\, \dot{s}_{00} + a_{01}\, \dot{s}_{01} + \cdots + a'_{00}\, \dot{t}_{00} + a'_{01}\, \dot{t}_{01} + \cdots,$$

$$\dot{s}_{ik} = -p_{ik} + p_{i+1,k}, \quad \dot{t}_{ik} = -p_{ik} + p_{i,k+1}$$

und

$$\dot{c}^2 = a_{00}\, \dot{R}_{00} + a_{00}\, \dot{R}_{01} + \cdots,$$

$$\dot{R}_{ik} = s_{ik} + t_{i+1,k} - s_{i,k+1} - t_{ik}.$$

Die Festsetzung von $\dot{s}_{ik}$, $\dot{t}_{ik}$ sagt, daß jede Strecke eine Randkette besitzt, in welcher der Anfangspunkt mit dem Koeffizienten -1, der Endpunkt mit dem Koeffizienten $+1$ auftritt. Nach der ersten Regel ist dadurch die Randkette jeder Kette c^1 bestimmt; dabei ist

$$(a_{ik}\, s_{ik})^{\cdot} = -a_{ik}\, p_{ik} + a_{ik}\, p_{i+1,k}$$

und analog sind alle Koeffizienten auszumultiplizieren und dann punktweise zu addieren. Die Kette $-s_{ik}$, $-t_{ik}$ ist je die zu s_{ik}, t_{ik} entgegengesetzt orientierte Strecke. Ist ein Streckenzug gegeben, den man in einem Zuge von seinem Anfangspunkt p bis zu seinem Endpunkt p′ durchlaufen kann, so bildet man die zugehörige Kette c^1 als die Summe der gerichteten Strecken $\pm s_{ik}$, $\pm t_{ik}$, die nacheinander durchlaufen werden. Die Randkette $\dot{c}^1$ ist dann gleich $-p + p'$. Denn alle übrigen Randpunkte treten immer sowohl als Endpunkte wie als Anfangspunkte von Strecken auf.

Ist der Streckenzug geschlossen und also $p = p'$, so ist $\dot{c}^1 = 0$. Dies ist Anlaß zu der Definition: Die Kette c^1 heißt *geschlossen*, wenn $\dot{c}^1 = 0$ ist. Aus der ersten Regel für die Randbildung folgt

$$(c_1{}^1 + c_2{}^1)^{\cdot} = \dot{c}_1{}^1 + \dot{c}_2{}^1.$$

Daraus folgt, daß die Summe geschlossener Ketten wieder geschlossen ist und daß die geschlossenen Ketten eine Untergruppe $\mathfrak{G}$ der Gruppe der eindimensionalen Ketten bilden. Nun gibt es aber noch eine zweite geometrisch ausgezeichnete Klasse eindimensionaler Ketten, die Randketten oder die *berandenden* Ketten $\dot{c}^2$. Da

$$\dot{c}_1{}^2 + \dot{c}_2{}^2 = (c_1{}^2 + c_2{}^2)^{\cdot}$$

ist, ist die Gesamtheit dieser Ketten ihrerseits eine Gruppe $\mathfrak{R}$. Die Randkette $\dot{R}_{ik}$ ist die Kette, die der Umlaufung des Randes von R_{ik} in der dem Uhrzeigersinne entgegengesetzten Richtung zugeordnet ist. Sie ist daher geschlossen. Daraus folgt, daß eine Kette $\dot{c}^2$ als Summe geschlossener Ketten geschlossen ist und daß $\mathfrak{R}$ also in $\mathfrak{G}$ enthalten oder $\mathfrak{R}$ mit $\mathfrak{G}$ identisch ist.

Der Hauptsatz der Homologietheorie des Netzes lautet nun kurz: $\mathfrak{R}$ ist mit $\mathfrak{G}$ identisch, oder: *In unserem Netz ist jede geschlossene eindimensionale Kette die Randkette einer zweidimensionalen Kette.* Das ist es, was wir nun zu beweisen haben. Der JORDANsche Kurvensatz wird sich dann als Sonderfall dieses Satzes für diejenigen Ketten, die einfachen geschlossenen Streckenzügen entsprechen, herausstellen.

* * *

Wir fassen zuerst die Strecken t_{ik} und u_i mit ihren Randpunkten zu einem „Streckenkomplex“ *B* zusammen. Dieser Teilkomplex des Netzes besteht aus der unteren Kante und den vertikalen Strecken des Netzes und gleicht einem Kamm mit $m + 1$ Zinken. *B* enthält alle Ecken des Netzes und ist zusammenhängend, d. h. man kann von einer Ecke p_{ij} zu jeder anderen Ecke p_{kl} über Strecken von B gelangen. Aber diese Verbindungsmöglichkeit ist beschränkt. Es gibt in B nur eine einzige Kette mit dem Anfangspunkt p_{ij} und dem Endpunkt p_{kl} oder anders gesagt: eine geschlossene Kette aus Strecken von B ist die Nullkette.

Ein Streckenkomplex, der zusammenhängend ist und außer der Nullkette keine geschlossene Kette besitzt, heißt ein *Baum*. Unser B ist ein Baum von besonders einfacher Struktur. Um B als Baum zu erkennen, sei c^1 eine Linearkombination der t_{ik}, u_i von B. Tritt darin ein t_{ik} mit von Null verschiedenem Koeffizienten auf, so gibt es ein solches t_{ik}, bei welchem der zweite Index am größten, gleich g, ist. Dann liefert aber $a_{ig} t_{ig}$ einen Beitrag $a_{ig} p_{i,g+1}$ zum Rand, während die übrigen Strecken von $p_{i,g+1}$ nicht berandet werden. Also ist $\dot{c}^1 \neq 0$. Kommen in c^1 nur Strecken u_i mit von Null verschiedenen Koeffizienten vor, so gibt es wieder eines mit größtem Index g und wir schließen analog.

Mit Hilfe von B lassen sich die geschlossenen Ketten des Netzes nun eindeutig als Linearkombinationen einer *Basis* geschlossener Ketten

$$b_{ik} \quad (i = 0, 1, \ldots, m; k = 1, 2, \ldots, n + 1)$$

darstellen. Wir erklären b_{ik} als die geschlossene Kette, die sich aus s_{ik} und den Strecken von B bilden läßt. Sie ist der Rand eines Rechtecks S_{ik}, dessen untere horizontale Kante u_i und dessen obere horizontale Kante s_{ik} ist und dessen vertikale Seiten aus Strecken t_{ij} bestehen. Die Kette b_{ik} ist also eine berandende Kette, $b_{ik} = \dot{S}_{ik}$. Ist nun $c^1 = c_1{}^1 + c_2{}^1$ eine geschlossene Kette des Netzes und darin $c_1{}^1$ der Beitrag der Strecken s_{ik}, $c_2{}^1$ der Beitrag der Strecken von B und

$$c_1{}^1 = a_{00}\, s_{00} + a_{01}\, s_{01} + \cdots,$$

so sei

$$\bar{c}^1 = a_{00}\, b_{00} + a_{01}\, b_{01} + \cdots$$

die $c_1{}^1$ entsprechende Linearkombination der b_{ik}. Dann ist $c^1 - \bar{c}^1$ als Summe geschlossener Ketten geschlossen, und setzen wir für die b_{ik} die Ketten ein, die sie abkürzend bezeichnen, und ziehen alle Summanden zusammen, so heben sich die Beiträge der s_{ik} fort. Also ist $c^1 - \bar{c}^1$ eine geschlossene Kette aus B und daher die Nullkette. Also ist $c^1 = \bar{c}^1$ eine Linearkombination der b_{ik}. Daraus folgt aber weiter, daß jede geschlossene Kette des Netzes eine Randkette ist, weil ja die b_{ik} Randketten sind.

Nun zum JORDANschen Kurvensatz. Überlegen wir genauer, was mit einem einfachen geschlossenen Streckenzug gemeint ist: eine Folge von gerichteten Strecken, bei denen der Endpunkt einer Strecke der Anfangspunkt der nächstfolgenden und der Endpunkt der letzten Anfangspunkt der ersten Strecke ist und bei der jede Strecke und jede Ecke nur ein einziges Mal durchlaufen wird. Die einem solchen Streckenzug zugeordnete Kette c^1 besitzt nur Koeffizienten $0, +1, -1$. Die Kette c^1 bestimmt die Strecken des Zuges und die Richtung, in der sie durchlaufen werden, und legt den Streckenzug bis auf die Wahl des Anfangspunktes fest. Sie ist eine geschlossene Kette und zwar eine einfach geschlossene Kette in folgendem Sinn: eine Kette, in der nur Strecken dieses Zuges mit Koeffizienten ungleich Null auftreten, ist nur dann geschlossen, wenn sie gleich der einfach geschlossenen Kette c^1 oder einem Vielfachen derselben ist.

Wir fragen nun nach der Beschaffenheit der Ketten c^2 mit $\dot{c}^2 = c^1$, die nach dem Hauptsatz existieren. Es sei c^2 eine solche Kette. Ist a ein von Null verschiedener Koeffizient von c^2, so sei $\bar{c}^2$ die Teilsumme aller Glieder von c^2, deren Koeffizient gleich a ist, und $c^2 = \bar{c}^2 + \tilde{c}^2$. Ist nun s oder t eine Strecke, die in $\dot{\bar{c}}^2$ auftritt, so muß sie auch in c^1 auftreten. Denn wenn sich ein zu $\bar{c}^2$ gehöriges Rechteck R mit einem zu $\tilde{c}^2$ gehörigen R' etwa längs eines s berührt, so kann sich dabei der Beitrag von s zu dem Rand c^1 nicht fortheben, weil die Koeffizienten von R und R' in c^2 verschieden sind und s in $\dot{R}$ und $\dot{R}'$ mit entgegengesetzt gleichen Koeffizienten auftritt. Andererseits ist $\dot{\bar{c}}^2$ als berandende Kette auch geschlossen und also gleich c^1 oder einem Vielfachen von c^1. Da alle Strecken im Rand von $\bar{c}^2$ mit derselben Vielfachheit a auftreten, weil aR ja den Beitrag $a\dot{R}$ liefert, so ist die Kette $\bar{\bar{c}}^2$, die aus $\bar{c}^2$ entsteht, indem wir durch a dividieren oder überall an Stelle des Koeffizienten a den Koeffizienten 1 setzen, selbst schon eine Kette, deren Rand c^1 oder $-c^1$ ist. Nun kann es aber überhaupt nur eine Kette c^2 mit $\dot{c}^2 = c^1$ geben. Angenommen es gäbe zwei verschiedene c_1^2, c_2^2, so wäre $c_1^2 - c_2^2$ eine zweidimensionale Kette mit dem Rand Null. In dieser Kette müßte ein $a_{ik} R_{ik}$ mit $a_{ik} \neq 0$ auftreten und es gäbe daher ein solches R_{ik} mit größtem zweiten Index, etwa R_{ig}, und $a_{ig} \dot{R}_{ig}$ kann dann durch die übrigen Beiträge nicht annulliert werden. Übrigens folgt hieraus allgemein, daß zu jeder geschlossenen Kette c^1 nur eine Kette c^2 mit $\dot{c}^2 = c^1$ gehört.

Das Ergebnis ist:

Zu einer einfachen geschlossenen Kette c^1 *gibt es eine wohlbestimmte zweidimensionale Kette* c^2 *mit* $\dot{c}^2 = c^1$, *in welcher alle von Null verschiedenen Koeffizienten gleich* $+1$ *oder gleich* -1 *sind.*

Nun folgt alsbald der JORDANsche Kurvensatz. Die R_{ik} mit von Null verschiedenem Koeffizienten setzen das Innere des Polygonzuges zusammen. Man überlegt sich unter Beachtung der Einfachheit von c^1 auf

Grund des Vorangehenden leicht, daß man von einem dieser R_{ik} über kantenweis anstoßende, die auch zum Inneren gehören, zu jedem anderen R_{lj} des Inneren gelangen kann, daß also c^2 ein zusammenhängendes Flächenstück im Netz bestimmt. Der Faktor $+1$ oder -1 entspricht dem Umlaufsinn des Streckenzuges und ist gleich $+1$, wenn der Umlaufsinn dem des Uhrzeigers entgegengesetzt ist.

Der Beweis des JORDANschen Kurvensatzes für beliebige Polygone der Ebene ist nicht viel schwieriger. Ist ein solches Polygon auf unserer Tafel eingezeichnet, so unterteilen wir die Tafel durch die endlich vielen Vertikalen $v_1, v_2, \ldots, v_m$, welche je durch die Ecken des Polygonzuges hindurchgehen. Dabei werden die Strecken des Polygonzuges gegebenenfalls unterteilt und zugleich werden die Streifen zwischen zwei benachbarten Vertikalen v_i, v_{i+1} durch diese Strecken unterteilt (Figur 22). Wir können daher wieder jeder der so entstandenen Strecken s des Polygonzuges eine berandende Kette b zuordnen, die aus dieser Strecke, einer Strecke der unteren Kante der Tafel und zwei vertikalen Strecken aufgebaut ist und ein Trapez berandet. Der Beweis verläuft dann ganz analog.

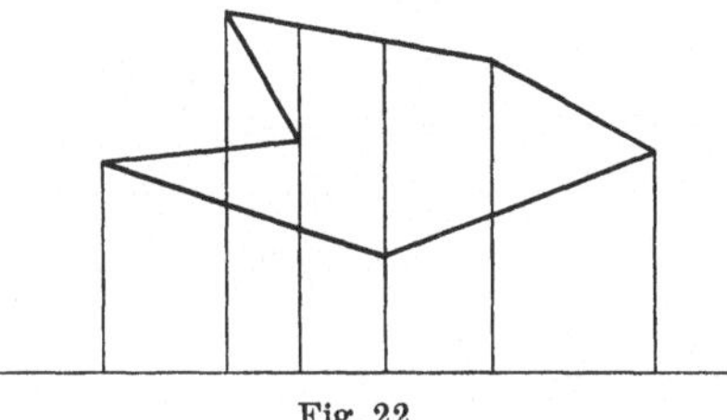
Fig. 22

* * *

Um die Voraussetzungen für die Erklärung von Ketten mit Berandungsbeziehungen begrifflich zu klären, definieren wir einen *endlichen zweidimensionalen Komplex* als eine Menge von Punkten p_i $(i = 1, 2, \ldots, a_0)$, gerichteten Strecken s_k $(k = 1, 2, \ldots, a_1)$ und orientierten Flächenstücken f_l $(l = 1, 2, \ldots, a_2)$, für welche Berandungsbeziehungen gelten, und zwar besitze jede Strecke einen Anfangspunkt und einen Endpunkt, der vom Anfangspunkt verschieden ist, und jedes orientierte Flächenstück einen Randkomplex mit Durchlaufungssinn aus Punkten p und Strecken s, der sich in einem einfachen geschlossenen Zuge durchlaufen läßt. Führen wir dann die Ketten c^0, c^1, c^2 als die Linearkombinationen der p, s, f ein mit der Vorschrift, daß $-s$ die zu s entgegengesetzt gerichtete Strecke und $-f$ das zu f entgegengesetzt orientierte Flächenstück ist, so werden die Ketten $\dot{c}^1, \dot{c}^2$ erklärt durch die Rechenregeln

$$(c_1^1 + c_2^1)^{\cdot} = \dot{c}_1^1 + \dot{c}_2^1, \quad (c_1^2 + c_2^2)^{\cdot} = \dot{c}_1^2 + \dot{c}_2^2$$

und durch die Festsetzung

$$\dot{s}_l = -p_l + p_k,$$

wo p_i der Anfangspunkt, p_k der Endpunkt von s_l ist und

$$\dot{f}_j = e_1 s_1 + e_2 s_2 + \cdots,$$

wo $e_i = 0, +1, -1$ ist, je nach dem die Strecke s_i im Randkomplex von f_j nicht vorkommt oder darin vorkommt und im Sinn ihrer eigenen Richtung oder entgegengesetzt zu ihr durchlaufen wird.

Diese Bedingungen sind bei den Polyederflächen im Raum mit ihren linearen Unterteilungen in Ecken, Kanten und Seitenflächen erfüllt. Die Berandungsbeziehungen genügen hier aber weiteren Bedingungen. An jeder Kante stoßen nur zwei Flächenstücke zusammen und die Kanten und Flächenstücke um eine Ecke herum bilden aneinanderstoßend einen Zyklus, in dem jede Kante und jedes Flächenstück nur einmal auftritt. Einen solchen Komplex nennen wir „glatt“ und „geschlossen“.

Der Begriff der eindimensionalen geschlossenen und der eindimensionalen berandenden Ketten läßt sich wörtlich wie bei unserem ebenen Netz auch für Komplexe erklären und es läßt sich für alle Komplexe zeigen, daß die Gruppe $\mathfrak{R}$ der berandenden Ketten eine Untergruppe der Gruppe $\mathfrak{G}$ der geschlossenen Ketten ist. Die regelmäßigen Polyeder, die Quader, die Prismen sind Beispiele glatter geschlossener Komplexe, bei denen wie bei unserem Netz jede geschlossene Kette auch berandet. Ein Beispiel eines Komplexes, für den es geschlossene nichtberandende Ketten gibt, erhalten wir, wenn wir unsere Tafel als einen Quader, der eine Dicke und Vorder- und Rückseite und Seitenflächen hat, betrachten und aus dieser Tafel nun einen inneren Quader aussägen. Der rechteckige Rand des so entstehenden Loches auf der vorderen Seite der Tafel bestimmt dann eine Kette der gewünschten Beschaffenheit, wenn wir als Komplex die Oberfläche der durchlochten Tafel nehmen. Schneidet man weitere solche Quader aus der Tafel heraus, so erhält man weitere Typen glatter geschlossener Flächen im dreidimensionalen Raum. Diese Typen erschöpfen alle Möglichkeiten des Verhaltens der Gruppen $\mathfrak{R}$, $\mathfrak{G}$ für Flächen im Raum. Sie lassen sich durch eine einzige Zahl — nämlich $a_0 - a_1 + a_2$, die deswegen Charakteristik heißt, — kennzeichnen. Für geschlossene, glatte Flächenkomplexe, auf denen alle geschlossenen Ketten beranden, ist die Charakteristik gleich zwei, für die einmal gelochte Tafel gleich Null, für die mehrmals gelochte negativ.

Die Aussage, daß für konvexe Polyeder $a_0 - a_1 + a_2 = 2$ ist, pflegt man den Eulerschen Polyedersatz zu nennen. Wir beleuchten die Tragweite dieser Formel durch eine Folgerung, die sich aus ihr ziehen läßt.

Wir fragen nach den *regelmäßigen* glatten geschlossenen Flächenkomplexen der Charakteristik 2. Regelmäßig heißt: Jede Ecke berandet gleich viel Strecken und der Randkomplex jedes Flächenstücks besteht aus gleich viel Strecken. Berandet jede Ecke nur zwei Strecken, so enthält der Komplex nur einen einzigen geschlossenen Randkomplex, der dann der gemeinsame Randkomplex von zwei Flächenstücken sein muß. Und besteht der Rand der Flächenstücke nur aus zwei Strecken, so besteht der Komplex aus einem geschlossenen Zyklus von Zweiecken. Wir setzen daher nun voraus, daß die Anzahl m der Strecken, die von einem Punkt ausgehen, und die Anzahl n der Strecken in einem Randkomplex beide größer als zwei sind. Alsdann ist

$$2\,a_1 = m\,a_0 = n\,a_2\,,$$

und da $a_2 = 2 + a_1 - a_0$ ist, gilt

$$a_2 = 2 + \frac{m}{2}\,a_0 - a_0$$

und wir erhalten für m, n, a_0 die Gleichung

$$n\left(2 + \frac{m}{2}\,a_0 - a_0\right) = m\,a_0$$

oder

$$4\,n + (m\,n - 2\,(m + n))\,a_0 = 0.$$

Da n und a_0 positiv sind, muß dann aber $m\,n - 2\,(m + n)$ negativ sein. Hieraus folgt

$$\frac{1}{2} < \frac{1}{m} + \frac{1}{n}\,,$$

und wegen $n \geqq 3$ folgt

$$\frac{1}{2} < \frac{1}{m} + \frac{1}{3}$$

und also $m < 6$. Ebenso folgt $n < 6$ und es kommen also für m, n nur noch die Kombinationen 3, 3; 3, 4; 4, 3; 3, 5; 5, 3; 4, 4 in Frage, von denen die letzte sogleich ausscheidet. Nun ist aber a_0 durch m, n festgelegt und wegen $m\,a_0 = n\,a_2 = 2 a_1$ auch a_1 und a_2.

Die fünf Kombinationen möglicher Anzahlen werden durch die fünf regelmäßigen Polyeder der Euklidischen Geometrie realisiert und die Zusammensetzung der Fläche aus den Flächenstücken zeigt alsbald, daß es nur diese fünf Typen regelmäßiger geschlossener glatter Komplexe mit $m, n > 2$ gibt.

* * *

Wir kehren nun noch einmal in die Ebene zurück, um die Lehre vom Inhaltsmaß für Polygone anschaulich zu begründen. Wir zeichnen in ihr endlich viele Punkte $p_1, p_2, \ldots, p_n$ aus, die zu je dreien linear unabhängig sind, und nehmen als Strecken alle Verbindungsstrecken dieser p_i und als Flächenstücke alle Dreiecke aus je drei dieser p_i. Der gerichteten Strecke von p_i nach p_k ordnen wir das Produkt $p_i p_k$ zu. Es sei

$$p_k p_i = - p_i p_k \text{ und } p_i p_i = 0.$$

Dem orientierten Dreieck mit den Ecken p_i, p_k, p_l, die in dieser Reihenfolge bei der positiven Durchlaufung des Randes passiert werden, ordnen wir das Produkt $p_i p_k p_l$ zu. Es sei

$$p_i p_k p_l = p_l p_i p_k = p_k p_l p_i = - p_i p_l p_k = - p_l p_k p_i = - p_k p_i p_l \cdot$$

Für die Randbildung gelte

$$(p_i p_k)^{\cdot} = - p_i + p_k$$

und

$$(p_i p_k p_l)^{\cdot} = p_i p_k + p_k p_l + p_l p_i \cdot$$

Dafür können wir auch schreiben

$$(p_i (p_k p_l))^{\cdot} = p_k p_l - p_i (p_k p_l)^{\cdot} \cdot$$

Ist c^1 eine eindimensionale Kette, so sei $p c^1$ die zweidimensionale Kette, die entsteht, wenn jeder in c^1 auftretende Ausdruck $p_i p_k$ durch $p\, p_i p_k$ mit demselben Koeffizienten ersetzt wird. Es ist dann $(p c^1)^{\cdot} = c^1 - p \dot{c}^1$. Jede geschlossene Kette c^1 ist berandend. Denn aus $\dot{c}^1 = 0$ folgt $(p c^1)^{\cdot} = c^1$.

Wir fragen nun nach allen Ketten c^2 mit demselben Rand oder was auf dasselbe herauskommt, nach allen Ketten c^2 mit $\dot{c}^2 = 0$. Die Antwort gibt uns die folgende Rechnung: Sei

$$c^2 = a_1 D_1 + a_2 D_2 + \cdots,$$

worin $D_1, D_2, \ldots$ Dreiecke bedeuten. Nach Annahme ist dann

$$a_1 \dot{D}_1 + a_2 \dot{D}_2 + \cdots = 0,$$

also ist auch

$$p \dot{c}^2 = a_1 p \dot{D}_1 + a_2 p \dot{D}_2 + \cdots = 0$$

und daher

$$c^2 = c^2 - p \dot{c}^2 = a_1 (D_1 - p \dot{D}_1) + a_2 (D_2 - p \dot{D}_2) + \cdots$$

und so ergibt sich, daß sich jede Kette mit dem Rand 0 aus Ketten der Gestalt $D - p \dot{D}$ oder

$$p_i p_k p_l - p (p_i p_k + p_k p_l + p_l p_i)$$

linear kombinieren läßt.

Die Ketten $D - p \dot{D}$ heißen Möbius-Ketten. Ihre Bedeutung läßt sich leicht verstehen (Figur 23): Liegt p im Innern des Dreiecks $p_i p_k p_l$, so bilden die Dreiecke $p p_i p_k$, $p p_k p_l$, $p p_l p_i$ eine Zerlegung des Dreiecks $p_i p_k p_l$. Liegt p im Äußern des Dreiecks, so ist die Orientierung der Dreiecke mit zu beachten. Von Punkten der Dreiecksränder abgesehen werden die Punkte im Äußeren, wenn überhaupt, von zwei entgegengesetzt orientierten Dreiecken überdeckt, während die Punkte im Innern des Dreiecks nur einmal mit der Orientierung des Dreiecks selbst überdeckt werden.

Die Formeln für MÖBIUS-Ketten spielen bei der üblichen Lehre vom Flächeninhalt eine Rolle. Sind x_i, y_i; x_k, y_k; x_l, y_l je die Koordinaten der Punkte p_i, p_k, p_l und p der Ursprung des Koordinatensystems, so gilt, wie in der analytischen Geometrie gezeigt wird, für das Inhaltsmaß $I(p_i p_k p_l)$ des Dreiecks $p_i p_k p_l$

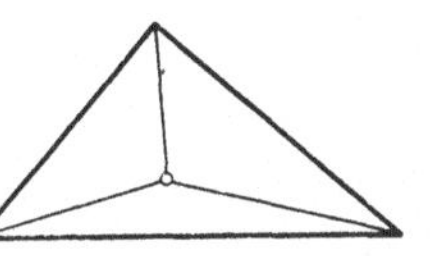
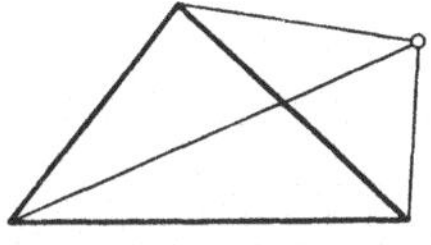

Fig. 23

$$2\,I\,(p_i p_k p_l) = x_i y_k - x_k y_i + x_k y_l - x_l y_k + x_l y_i - x_i y_l$$

und für das Inhaltsmaß der Dreiecke $p p_i p_k$, $p p_k p_l$, $p p_l p_i$

$$2\,I\,(p p_i p_k) = x_i y_k - x_k y_i, \quad 2I\,(p p_k p_l) = x_k y_l - x_l y_k,$$

$$2\,I\,(p p_l p_i) = x_l y_i - x_i y_l.$$

Das Inhaltsmaß kann positiv, negativ oder gleich Null sein. Letzteres ist nur der Fall, wenn die Eckpunkte des Dreiecks auf einer Geraden liegen. Der Absolutbetrag des Inhaltsmaßes ist gleich dem halben Produkt der Länge einer Dreiecksseite mit der zugehörigen Höhe, und das Vorzeichen ist durch die Orientierung des Dreiecks und die Orientierung des Koordinatensystems bestimmt. Erklärt man das Inhaltsmaß $I(c^2)$ einer Kette $c^2 = a_1 D_1 + a_2 D_2 + \cdots$ durch

$$I\,(c^2) = a_1\,I\,(D_1) + a_2\,I\,(D_2) + \cdots,$$

so ist das Inhaltsmaß einer MÖBIUS-Kette nach den eben angegebenen Formeln gleich Null. Nun ist aber, wie aus der Berechnungsvorschrift folgt,

$$I\,(c_1^2 + c_2^2) = I\,(c_1^2) + I\,(c_2^2)$$

und daher auch das Inhaltsmaß einer Summe von MÖBIUS-Ketten und mithin das Inhaltsmaß jeder geschlossenen Kette gleich Null. Daraus folgt weiter: Sind c^2, $\bar{c}^2$ zwei Ketten mit demselben Rand c^1, so ist

$$I\,(\bar{c}^2) = I\,(c^2),$$

denn es ist $\bar{c}^2 = c^2 + \bar{c}^2 - c^2$ und $\bar{c}^2 - c^2$ eine geschlossene Kette. Das Flächenmaß einer Dreieckskette ist also durch seinen Rand bestimmt.

Dieser Satz ist für unseren Zweck wichtig, weil er das Inhaltsmaß von Polygonen anschaulich auf das Inhaltsmaß von Dreiecken zurückzuführen gestattet.

Wir ergänzen das Dargelegte, indem wir das eingangs kombinatorisch beschriebene Rechtecksnetz heranziehen, die Ecken p der Dreiecke D aus den Ecken dieses Netzes auswählen und die Inhaltslehre für diese Dreiecke anschaulich begründen. Die Voraussetzungen, die wir dafür zu machen haben, können nun natürlich nicht mehr nur kombinatorische sein, aber sie lehnen sich eng an das Netz an und werden dadurch übersichtlich und anschaulich in dem Sinn, daß die Aussagen zwar nicht mehr evident, aber doch evident verständlich sind.

Das erste, was wir voraussetzen, ist: Die Rechtecke R_{ik} des Netzes sind gleich groß. Setzen wir

$$I(R_{ik}) = 1, \quad I(-R_{ik}) = -1,$$

so folgt für eine Kette $c^2 = a_{00}R_{00} + a_{01}R_{01} + \cdots$

$$I(c^2) = a_{00} + a_{01} + \cdots.$$

Sind alle a_{ik}, die ungleich 0 sind, gleich $+1$, so gehört zu c^2 ein aus den R_{ik} zusammengesetztes Flächenstück und $I(c^2)$ ist gleich die Anzahl der dabei beteiligten R_{ik} und somit das natürliche Flächenmaß dieser Fläche. Sind alle von 0 verschiedenen a_{ik} positiv, so kommt die Vielfachheit des Anteils jedes Rechtecks mit in Anschlag und das gibt dem Inhaltsmaß auch hier einen natürlichen Sinn.

Aber mit der Anerkennung der Vielfachheit hat man schon den Schritt von den Flächenstücken zu den Ketten getan, und das Rechnen mit negativen Koeffizienten ist durch Beziehung auf die Orientierung geometrisch sinnvoll und die entsprechende Erklärung des Inhaltsmaßes eine zweckmäßige Konsequenz.

Die zweite Voraussetzung, die wir machen, lautet: Sei S ein aus den R_{ik} zusammengesetztes Rechteck des Netzes, dann haben die beiden Dreiecke D, D′ in welche S durch eine Diagonale zerlegt wird, gleiches Inhaltsmaß. Dadurch ist offenbar das Inhaltsmaß von D, D′ bestimmt.

Schließlich sei D ein beliebiges Dreieck mit Ecken in unserem Netz. Es gibt dann ein kleinstes Rechteck S, welches D umschließt. Entweder sind zwei Ecken von D Diagonalpunkte von S oder es fällt nur eine Ecke von D in eine Ecke von S und die beiden anderen Ecken von D liegen auf zwei anstoßenden Kanten von S. Ein Blick auf die Figur 24 zeigt uns, daß sich D durch rechtwinklige Dreiecke mit horizontalen und vertikalen Katheten zu S ergänzen läßt. Die dritte und letzte Voraussetzung, die wir machen, ist daher, daß I (D) um die Inhaltsmaße der ergänzenden Dreiecke vermehrt gleich I (S) ist.

Die Dreiecksinhalte lassen sich nun aus den ganzzahligen Koordinaten der Dreiecksecken (p_{ik} habe die Koordinaten i, k) berechnen, und man kann die oben aus der analytischen Geometrie entlehnten Formeln für den Dreiecksinhalt leicht für das hier erklärte Inhaltsmaß bestätigen.

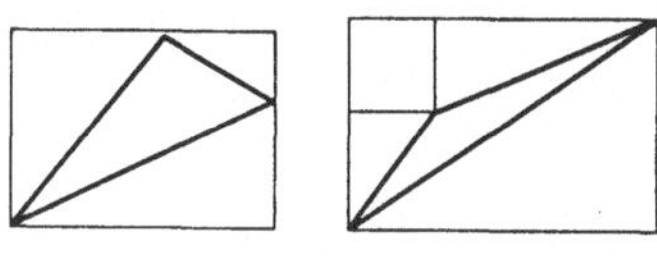

Fig. 24

Unsere Begründung ist einfacher als die übliche, weil sie ohne Erklärung der Streckenlänge und der Höhe auskommt und sich im Bereich ganzzahliger Koordinaten abspielt und weil sie nur auf endlich vielen Voraussetzungen über ein anschauliches endliches Rechtecksnetz in der Ebene beruht. Unsere Theorie ist nicht evident, weil sie Aussagen über Größeneigenschaften einschließt, die anschaulich nicht einsichtig sind. Aber die Folgerungen aus den gemachten Voraussetzungen haben Evidenz, insofern sie sich an den anschaulichen Sachverhalten verfolgen lassen. Außerdem lassen sich die Voraussetzungen, die wir machten, in endlich viele Einzelaussagen über einzelne Dreiecke des Netzes zerlegen, die der Sache nach voneinander unabhängig sind. Daran kann man sich die sachliche Tragweite solcher Allgemeinaussagen, wie sie in den Axiomen der Euklidischen Geometrie gemacht werden, klar machen.

* * *

Die kombinatorische Topologie des dreidimensionalen Raumes ist unvergleichlich komplizierter als die Theorie der Flächenkomplexe. Ist F ein einfach geschlossener Faden oder Draht, dessen Lage im Raum einer einfach geschlossenen Kurve C entspricht, so kann man fragen, ob sich F glatt auf eine ebene Fläche legen oder genauer ob sich der Draht F *nach geeigneter Verbiegung* glatt auf eine ebene Fläche legen läßt. Den zugelassenen Veränderungen von F entsprechen dabei Veränderungen der Kurven, die je der Lage des Fadens oder Drahtes entsprechen, die Veränderungen durch Deformation oder kurz die *Deformationen* von Kurven. Die mit Hilfe von F formulierte Frage läßt sich daher geometrisch dahin formulieren, wie sich an einer einfach geschlossenen Kurve C im Raum erkennen läßt, ob sie sich in eine ebene, einfach geschlossene Kurve deformieren läßt oder nicht. Die Frage ist evident, aber ungelöst.

Eine Kurve, die nicht in eine ebene Kurve deformierbar ist, heißt verknotet. Die Kurven, die sich ineinander deformieren lassen, bilden eine

Klasse äquivalenter oder gleich verknoteter Kurven. Jede einfach geschlossene Kurve gehört einer und nur einer solchen Klasse an und repräsentiert daher diese Klasse. Betrachtet man eine Kurve als Repräsentanten ihrer Klasse, so nennt man die Kurve einen „Knoten". Die in Figur 25 dargestellte Kurve ist verknotet; sie heißt als Repräsentant ihrer Klasse eine *Kleeblattschlinge.* Den Repräsentanten der Verknotungstypen kann man die Bedingung auferlegen, daß sie zu einer Ebene wie ein Faden mit Überkreuzungen auf einer ebenen Platte liegen. Zu einer solchen Lage gehört eine ebene Kurve mit Doppelpunkten und eine Vorschrift, welcher Teil der ebenen Kurve bei einem Doppelpunkt dem überkreuzenden Teil der räumlichen Kurve, welcher dem unterkreuzenden entspricht. Jedem Doppelpunkt entsprechen auf der räumlichen Kurve zwei Punkte, ein unterer und ein oberer. Die unteren Punkte U_i zerlegen die Kurve in Kurvenstücke C_i und die Numerierung kann so getroffen werden und die C_i können so gerichtet werden, daß C_i bei U_i endet und C_{i+1} bei U_i beginnt. Merkwürdigerweise legen dann die Nummern k(i) der je bei U_i überkreuzenden Bögen und die Orientierung dieser Bögen die Knoteneigenschaften fest und verwandeln so die Knotentheorie in ein Kapitel der kombinatorischen Topologie.

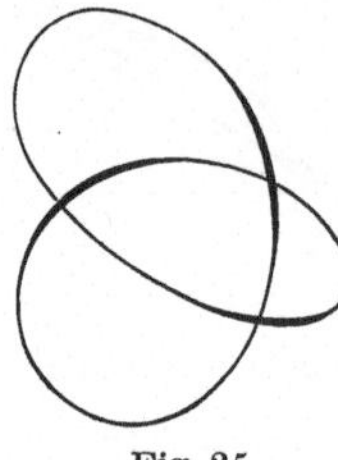
Fig. 25

Ganz ähnlich kann man nach den deformationsinvarianten Eigenschaften eines Paars oder eines Tripels einfach geschlossener Kurven im

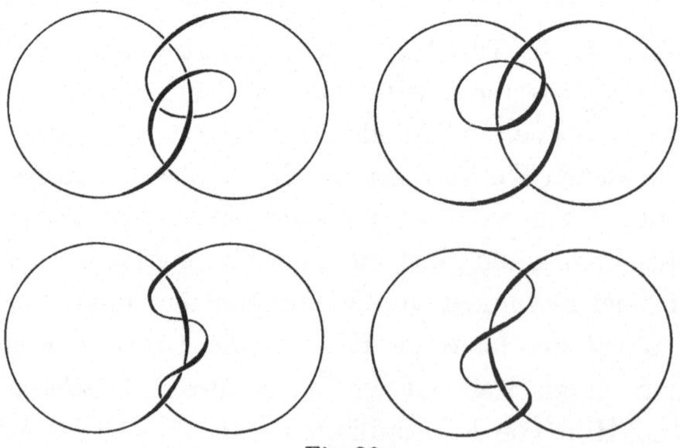
Fig. 26

Raum fragen. Zwei Kurven C, C′ können z. B. die Eigenschaft haben, daß sie nach geeigneter Deformation ohne wechselweise Überkreuzung über einer Ebene liegen. Solche Kurven heißen *unverkettet.* Die Figur 26 stellt einen Typus zweier verketteter Kurven C, C′ in vier verschiedenen

Lagen dar. Die Kurven umschlingen sich zweimal. Bei der einen Lage aber ist es C, das C′ der Gestalt nach umschlingt, bei der anderen Lage umgekehrt. Figur 27 stellt ein Paar verketteter Kurven dar, die sich abeı dadurch trennen lassen, daß man erlaubt, daß die eine der Kurven sich

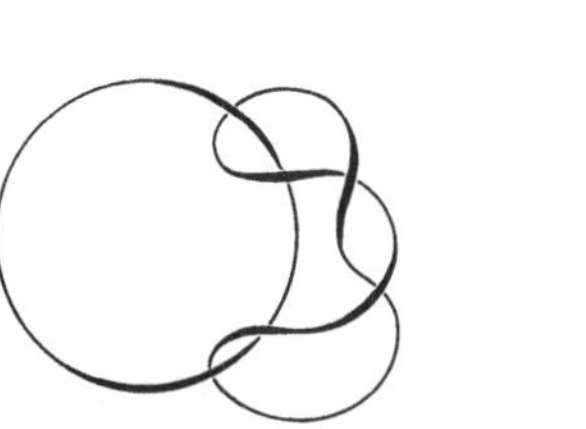

Fig. 27

Fig. 28

bei den zugelassenen Deformationen selbst durchdringen darf. Figur 28 stellt eine Verkettung aus drei Kurven dar, die zu je zweien unverkettet sind.

Allen diesen Aussagen entspricht ein anschaulich aufweisbarer Sachverhalt. Doch so leicht sie zu verstehen sind, so schwierig sind sie zu beweisen, weil sie auf geometrischen Eigenschaften beruhen, die mit den Eigenschaften nichtkommutativer Gruppen, die sich den Knoten und Verkettungen zuordnen lassen, zusammenhängen.

VI

GEOMETRIE UND LOGIK

Bei der Erörterung der analytischen Geometrie stellten wir fest, daß die Euklidische Geometrie sich aus dem Formelapparat der analytischen Geometrie, der zunächst nur als ein Hilfsmittel zur Untersuchung geometrischer Gebilde aufgestellt war, definieren läßt, und wir haben dann in der analytischen Darstellung der Bewegungen einen neuartigen Zugang zur Euklidischen Geometrie erschlossen. Nun kennen wir aber die Euklidische Geometrie als ein Gebäude aus Lehrsätzen, die aus wenigen Definitionen, Postulaten und Axiomen durch Beweise abgeleitet werden, und können uns deswegen nach der Rolle derjenigen Begriffe in einem solchen Aufbau fragen, die sich bei der analytischen Definition der Geometrie als grundlegend herausstellten.

Eine ganz neuartige Begründung der Geometrie erschließt zum Beispiel die Tatsache, daß jedem Punkt P und jeder Geraden G der Euklidischen Geometrie je eine wohlbestimmte Bewegung entspricht, dem Punkt P nämlich die Drehung p von 180^0 um P oder die Spiegelung am Punkt P, wie man sagt, und der Geraden G die Spiegelung g an dieser Geraden im üblichen Sinn. Führt man eine Spiegelung p oder g zweimal aus, so entsteht die identische Abbildung, in Formeln

$$pp = 1, \quad gg = 1,$$

und wenn P auf G liegt, so ist pg, wie man leicht überlegt, die Spiegelung an der Senkrechten zu G durch P, also

$$pg\,pg = 1,$$

während

$$pgpg \neq 1$$

ist, wenn P nicht auf G liegt. Das genüge, um plausibel zu machen, daß sich dem System der Sätze über Punkte und Geraden ein System von Formeln, die die Erzeugung von Bewegungen durch Punkt- und Geradenspiegelungen beschreiben, an die Seite stellen läßt und daß man die Beweise der Sätze — einem schon von LEIBNIZ aufgestellten Ideal entsprechend — durch einen Kalkül, den Spiegelungskalkül, erbringen kann.

Aber zu dem Formelapparat der analytischen Geometrie gehört ja auch ein Kalkül, und wenn die Möglichkeit einer Korrespondenz zwischen logisch gefaßten Lehrsätzen und Beweisen einerseits und Formeln und Umformungsregeln für Formeln andererseits im Spiegelungskalkül besonders deutlich hervortritt, so brauchen wir doch nicht bis zu der Bewegungsgruppe vorzudringen, um die Distanz zu den Lehrsätzen der Euklidischen Geometrie zu gewinnen, die uns erlaubt, über die Sätze selbst, ihre logische Form und ihren Beweiszusammenhang nachzudenken und zu versuchen, ihnen die Präzision der Formeln und Umformungsregeln des algebraischen Formelapparates zu geben, denen sie ja, wie wir wissen, entsprechen. In der Tat hat der Zahlbegriff bei der Ablösung der reellen Zahlen aus der Geometrie eine formale Abklärung erfahren, welche durch die Buchstabenrechnung und ihre logische Formalisierung eingeleitet ist und welche dem Ideal der Strenge „more geometrico“[1] merklich näher kommt als die Geometrie. Und so ist es begreiflich, daß wir durch die Umdeutung des analytischen Formelapparates in eine Definition der Geometrie nun in die Geometrie ein neues Maß von Strenge einführen können.

Die Abklärung des Zahlbegriffs beruht auf der Möglichkeit einer axiomatischen Definition von Zahlen, die (wie wir schon sagten) mit der Begründung des Buchstabenrechnens beginnt und den Begriff eines Körpers von Elementen dem allgemeinen Begriff der Zahl voranstellt. Diese axiomatische Begründung der Zahlen wirft nun dank der analytischen Definition der Geometrie auch auf die Grundsätze und Grundbegriffe der Geometrie ein neues Licht. Als bevorzugt einfache Gegenstände treten neben die Punkte der Geometrie nun die *Geraden* mit der *Inzidenzbeziehung* zwischen Punkten und Geraden, die analytisch durch lineare Gleichungen definiert ist und daher nur zu solchen geometrischen Aussagen führt, deren analytisches Äquivalent ein Satz über Zahlen ist, zu dessen Beweis die Körperaxiome für Zahlen das ausreichende Fundament bilden. Da die Lehre von den Proportionen in der Geometrie, die das Rechnen mit Strecken geometrisch beschreibt, nur auf Beziehungen von Punkten und Geraden beruht, darf man erwarten, daß sich diese Beziehungen aus dem Ganzen der Geometrie ohne Zerstörung des Beweiszusammenhanges werden herauslösen lassen, und hoffen, diesem Teilgebiet wenigstens die Strenge zu geben, welche die Theorie des Körpers, die ihr analytisch zu entsprechen scheint, besitzt.

Dazu bedürfen wir aber vor allem geeigneter geometrischer Grundsätze für die Lehre von den Proportionen und wenn wir die Postulate und

[1] Dieser Ausdruck meint eine logische Form. So baut SPINOZA seine Ethik aus Sätzen auf, welche „ordine geometrico“ bewiesen sind.

Axiome, die Euklid seiner Geometrie vorangestellt hat, danach befragen, so wird uns sogleich das prinzipiell Neue unseres Ansatzes deutlich.

Die Grundbegriffe Euklids sind *Strecken* und *Größen*, und zwar sind einerseits Strecken Größen und Rechnen ist ein Umgehen mit Größen, das auf der Hinzufügung einer Größe zu einer anderen beruht, und andrerseits entsteht die Gerade erst durch die Verlängerung einer Strecke, die eine Größe ist. Wenngleich der Begriff der Größe und das Rechnen mit Strecken als Größen, wie wir von der Zahlengeraden her wissen, nicht wesentlich von dem Begriff der reellen Zahl und dem Rechnen mit reellen Zahlen verschieden ist, so sind die Eigenschaften, die dabei im Vordergrund stehen, doch gerade diejenigen, welche bei der Definition der Zahlen vom Körper her erst später in Betracht zu ziehen sind. Wir können unser Ziel also nur erreichen, wenn wir Euklids Grundbegriffe selbst zerlegen und nach einfacheren Begriffen suchen, durch die der Weg zu einer Streckenrechnung, welche den Körperaxiomen genügt, freigelegt wird.

Damit durchkreuzen wir aber den Erkenntnisanspruch, der sich so bequem mit der Euklidischen Begründung der Geometrie verbindet, gleich am Anfang. Denn der Erkenntnisanspruch zielt ja auf „die" Sachverhalte der einen Euklidischen Ebene, auf „die" Strecke und „die" Größe, während das Ergebnis, das wir von den Grundsätzen über die Inzidenz von Punkten und Geraden anstreben, ja nur zu Axiomen des Rechnens führen soll, die sich, wie wir wissen, auf ganz verschiedene Weise erfüllen lassen.

Im Prinzip ist die neue Einstellung schon mit der Definition des Körpers als einer gewissen Gesamtheit von Elementen mit zwei Rechenverknüpfungen gewonnen. Mit Nachdruck tritt das Neue daran aber erst bei dem Zusammenstoß mit der ontologisch dogmatischen Auffassung der Euklidischen Geometrie zutage, und um die innere Konsequenz, die von der einen Begründung der Geometrie durch Euklid zu der axiomatischen Untersuchung dieser Geometrie führt, einzusehen, genügt es nicht, die Anschauung als Erkenntnisquelle zu kritisieren und die Eigenständigkeit auch der Geometrie Euklids als wissenschaftlicher Theorie der Anschauung gegenüber anzuerkennen, — man muß sich vielmehr zugleich aus dem Dogmatismus einer zu engen ontologischen Interpretation des Mathematischen überhaupt befreien, um solche *axiomatisch definierten Systeme*, wie es die Körper und die ihnen zugeordneten Formeln und Aussagen über Körperelemente sind, als mögliche Gegenstände mathematischen Nachdenkens zu verstehen und das ursprüngliche Verhältnis des Denkens zu den formalen Strukturen (mögen sie sich nun an

Figuren und den Schritten, die zu ihrer Konstruktion führen oder an Formeln und Umformungsmöglichkeiten von Formeln zeigen) zu angemessener Anerkennung zu bringen.

In der Tat kommt in der Definition des Körpers eine Art von Begriffsbildung zur Anwendung, welche in der ontologischen Auffassung von Aussagen nicht vorgesehen ist, und die von der Algebra her in der Geometrie aufgeworfene Frage läßt sich nur beantworten, wenn die Art dieser Begriffsbildung aus dem algebraischen Interesse gelöst und als Methode für die Bestimmung des logischen Zusammenhangs von Aussagesystemen konstituiert wird. Es ist *die Methode, Begriffe durch die Struktur von Aussagesystemen zu definieren.* Der Begriff Körper bezeichnet eine solche Struktur. Es sind nicht ontologisch bestimmte Elemente und ontologisch bestimmte Operationen, von denen in den Körperaxiomen die Rede ist, sondern es sind nur logisch-formale Eigenschaften von Operationen, die festgelegt werden, und der Satz: die rationalen Zahlen mit den rationalen Rechenoperationen sind ein Körper, besagt genauer: der ontologisch bestimmte Bereich rationaler Zahlen und die durch Zählen ontologisch erklärten Rechenoperationen der rationalen Zahlen haben die logisch formale Struktur, die durch die Körperaxiome definiert ist.

Die Frage ist, ob es möglich ist, die Geometrie in dieselbe Stufe der Abstraktion wie die Algebra des Körpers zu heben und was diese Möglichkeit dann für die Geometrie bedeutet. Die Antwort auf diese Frage wird durch die axiomatische Begründung der Geometrie und durch die Bedeutung der formalen Struktur des so definierten Aussagesystems bei der Beurteilung der durch das System vermittelten Erkenntnis gegeben.

* * *

Um das Verständnis für diese Gedanken anzubahnen, gehen wir von einfachsten Aussagesystemen, die eine Struktur besitzen, aus. Zu dem System $\mathfrak{S}$ gehöre ein wohlbestimmter Bereich $\mathfrak{X}$ von Gegenständen x und ein Bereich von Prädikaten f, die für jeden der Gegenstände x erklärt und so beschaffen sind, daß die Aussage f (x), in Worten: „der Gegenstand x hat die Eigenschaft f", entweder wahr oder falsch ist. Jedes Prädikat f besitzt dann in $\mathfrak{X}$ einen *Umfang* y, nämlich die Menge aller derjenigen x, für welche f (x) wahr ist. Die Restmenge, die also alle x enthält, für die f (x) falsch ist, werde mit $\bar{y}$ bezeichnet. *Zwei Systeme* $\mathfrak{S}$, $\mathfrak{S}^*$ *haben die gleiche Struktur, wenn es eine eindeutige Zuordnung der Gegenstände und Prädikate von* $\mathfrak{S}$ *zu denen von* $\mathfrak{S}^*$ *gibt, so daß dabei auch die Umfänge* y *von* $\mathfrak{S}$ *je in die entsprechenden Umfänge* y^* *von* $\mathfrak{S}^*$ *abgebildet werden.* Um die Struktur eines Aussagesystems zu beurteilen, brauchen wir also nicht die konkrete Bedeutung der Prädikate, sondern nur die Beziehungen und Eigenschaften der zu dem System gehörigen Umfänge zu kennen.

Wir unterscheiden zwei Stufen solcher Eigenschaften. Als *Struktureigenschaften erster Stufe* eines Systems $\mathfrak{S}$ bezeichnen wir die Eigenschaften der Struktur des durch die y, $\bar{y}$ bestimmten Mengenrings.

Wir definieren nämlich: Der Durchschnitt $m_1 m_2$ der Mengen m_1, m_2 von Gegenständen x ist die Menge aller derjenigen x, welche gleichzeitig in m_1 und m_2 liegen. Die Vereinigung $m_1 + m_2$ der Mengen m_1, m_2 ist die Menge aller derjenigen x, welche in wenigstens einer der beiden Mengen m_1, m_2 vorkommen. Man bestätigt leicht, daß für diese Verknüpfungen von Mengen die folgenden Regeln gelten: Es ist

$$m_1 m_2 = m_2 m_1, \quad m_1 m_1 = m_1, \quad (m_1 m_2) m_3 = m_1 (m_2 m_3).$$

Ferner gilt

$$m_1 + m_2 = m_2 + m_1, \quad m_1 + m_1 = m_1,$$
$$(m_1 + m_2) + m_3 = m_1 + (m_2 + m_3)$$

und schließlich

$$m_1 (m_2 + m_3) = m_1 m_2 + m_1 m_3.$$

Unter dem durch die y, $\bar{y}$ erzeugten Mengenring verstehen wir nun die Gesamtheit aller Mengen, die aus den y, $\bar{y}$ durch iterierte Bildung von Vereinigung und Durchschnitt entstehen.

Gibt es nur endlich viele Prädikate, so läßt sich der Mengenring leicht übersehen. Wir numerieren die y zu $y_1, y_2, \ldots, y_n$. Da $\mathfrak{X} = y + \bar{y}$ ist, folgt

$$\mathfrak{X} = (y_1 + \bar{y}_1)(y_2 + \bar{y}_2) \cdots (y_n + \bar{y}_n).$$

Durch Ausmultiplikation erhalten wir 2^n verschiedene Produkte Z_l ($l = 1, 2, \ldots, 2^n$) der y_k, $\bar{y}_k$, in welchen jeder Index k je genau einmal auftritt. Der Durchschnitt von zwei verschiedenen Z_l ist leer, weil er einen Faktor $y\bar{y}$ enthält, der leer ist. Die Summe

$$\mathfrak{X} = Z_1 + Z_2 + \cdots + Z_{2^n}$$

stellt also eine Zerlegung von $\mathfrak{X}$ in zueinander fremde Teilmengen dar. Es ist die feinste Zerlegung von $\mathfrak{X}$, die durch die Prädikate des Systems erreichbar ist. Ein Z_l ist nämlich entweder die leere Menge oder, weil

$$Z_l = Z_l \mathfrak{X} = Z_l (y + \bar{y}) = Z_l y + Z_l \bar{y}$$

ist und in Z_l entweder y oder $\bar{y}$ als Faktor auftritt und also entweder $Z_l y$ oder $Z_l \bar{y}$ die leere Menge ist, folgt: Es ist

$$\text{entweder } Z_l = Z_l y \quad \text{oder} \quad Z_l = Z_l \bar{y}.$$

Alle in einem Z_l enthaltenen Gegenstände x haben also dieselben Grundprädikate.

Zwecks Erklärung der *Struktureigenschaften zweiter Stufe* bemerken wir zunächst, daß die Definition der Prädikate f eines Systems $\mathfrak{S}$, sofern es nur um die Struktur geht, durch die Definition der zugehörigen Mengen y ersetzt werden und diese Definition formal dadurch erfolgen kann, daß wir die y als eine zweite Klasse von Gegenständen betrachten und zwischen den Gegenständen x, y eine *Inzidenzrelation* $xy = \pm 1$ stiften, die den Wert $+1$ hat, wenn x in y enthalten ist, und den Wert -1, wenn x nicht in y enthalten ist. Das weist uns auf eine Symmetrie zwischen Gegenständen und Prädikaten hin, die es uns ermöglicht, auch in der Menge $\mathfrak{Y}$ der y charakteristische Untermengen einzuführen, z. B. die Menge aller y, für welche xy bei vorgegebenem x den Wert $+1$ hat. So erhalten wir einen zweiten Mengenring von Mengen, deren Elemente die y sind. Unter Struktureigenschaften zweiter Stufe des Aussagesystems $\mathfrak{S}$ verstehen wir Eigenschaften, für die auch die Menge $\mathfrak{Y}$ und ihre Untermenge maßgeblich sind.

Bemerkenswert unter den Eigenschaften zweiter Stufe sind die Eigenschaften der *„Figuren" des Aussagesystems.* Unter einer Figur F verstehen wir *eine endliche Menge von Gegenständen* x_i, y_k, *etwa* $x_1, x_2, \ldots, x_m; y_1, y_2, \ldots, y_n$ *mit Inzidenzbeziehungen* $x_i y_k = \pm 1$. *Die Anzahlen* m, n *und die Tafel der Werte von* $x_i y_k = \pm 1$ *bestimmen die Struktur von* F.

Offenbar hat es Sinn, von der Gesamtheit der Figuren eines Aussagesystems zu sprechen, d. h. von der Gesamtheit der Wertetafeln $x_i y_k = \pm 1$, die sich aus Elementen von $\mathfrak{S}$ herstellen lassen, und es ist möglich, nach der Struktur dieser Figuren zu fragen. Die Anlehnung an die Ausdrucksweise der Geometrie wird uns nicht darüber täuschen, daß die Definition der Figuren nur auf logischen Eigenschaften des Aussagesystems beruht. Die Frage, ob man den Gegenstand x eines Systems durch Prädikate f des Systems charakterisieren kann, d. h. ob es endlich viele Prädikate $f_1, f_2, \ldots, f_n$ gibt, so daß $f_k(x)$ wahr ist und daß x mit x' identisch ist, wenn auch $f_k(x')$ wahr ist ($k = 1, 2, \ldots, n$), — diese rein logische Frage ist offenbar gleichbedeutend mit der Frage nach der Existenz gewisser Figuren des Systems.

Andrerseits brauchen wir nur die Geraden der Euklidischen Ebene als Mengen y von Punkten x zu deuten, um die Figuren der Euklidischen Ebene aus endlich vielen Punkten und Geraden mit ihren Inzidenzrelationen als Figuren von Aussagesystemen zu erkennen. Daß die

Geraden y_1, y_2 parallel sind, läßt sich so ausdrücken: es gibt keine Figur x; y_1, y_2 mit $xy_1 = +1$, $xy_2 = +1$. Daher lassen sich auch die Schließungssätze, welche den Begriff ‚parallel' enthalten, in Sätze über die Figuren eines Aussagesystems verwandeln.

Die allgemeine Theorie der Figuren von Aussagesystemen ist kompliziert. Weil die Formalisierung der Aussagen über Figuren für unsere Zwecke entbehrlich ist, erwähnen wir nur kurz, daß diese Präzisierung nicht trivial ist, und beleuchten die tieferen Probleme der formalen Logik, die dabei auftreten, nur kurz mit dem sogenannten *Paradoxon von* Russell.

Es seien zwei Bereiche von Gegenständen x_i und y_k mit einer Inzidenzrelation $x_i y_k = \pm 1$ und einer eindeutigen durch die gleichen Indizes vermittelten Zuordnung gegeben. Dann definieren wir für ein weiteres Element y_0 die Inzidenzrelation $x_i y_0$ durch die Festsetzung:

$$\text{es sei} \quad x_i y_0 = +1, \quad \text{wenn} \quad x_i y_i = -1,$$
$$\text{es sei} \quad x_i y_0 = -1, \quad \text{wenn} \quad x_i y_i = +1$$

ist. Alsdann fügen wir y_0 zum Bereich der y_i hinzu und fügen, um die eindeutige Zuordnung zu bewahren, auch in den Bereich der x_i ein neues Element x_0 ein, erklären die Inzidenzrelation $x_0 y_i$ durch $x_0 y_i = -1$ (d.h. wir lassen die Umfänge y_i unverändert) und versuchen nun, den Wert von $x_0 y_0$ aus der Bedeutung des mit y_0 sinngemäß zu verbindenden Prädikats zu ermitteln.

Die *Bedeutung* dieses Prädikats ist nun aber offenbar die folgende: $x_i y_0 = +1$ heißt, *der* x_i *entsprechende Umfang* y_i *enthält* x_i *nicht.*

Also heißt $x_0 y_0 = +1$, daß x_0 in dem entsprechenden Umfang y_0 nicht enthalten ist, also folgt aus $x_0 y_0 = +1$, daß $x_0 y_0 = -1$ ist. Setzen wir aber $x_0 y_0 = -1$, so heißt das, daß der x_0 entsprechende Umfang y_0 das Element x_0 enthält, also folgt $x_0 y_0 = +1$.

Diese Schwierigkeit ist um so verwunderlicher, als über den Sinn des zu y_0 gehörigen Prädikats keine Zweifel bestehen. Wir können insbesondere unter x_i das zu y_i gehörige Prädikat selbst verstehen und $x_i y_i = +1$ als den Satz interpretieren „die Eigenschaft x_i kommt sich selbst zu". Ein Gedanke, der offenbar einen Sinn hat, weil ja z. B. das Prädikat „denkbar" denkbar ist und das Prädikat „eine Eigenschaft zu sein" eine Eigenschaft ist. Den schlichteren Fall, daß eine Eigenschaft nicht sich selbst zukommt, bezeichnet das y_0 entsprechende Prädikat, angewendet auf die x_i, y_i unseres Systems. So weist uns das Paradox darauf hin, daß bei Aussagen über Figuren auch dem intuitiv Einleuchtenden gegenüber kritische Vorsicht nötig ist und die Widerspruchsfreiheit für Systeme solcher Aussagen zu einem Problem wird.

* * *

Wir sind nun einigermaßen vorbereitet, dem Körperbegriff einen Begriff der Affinen Ebene, wie wir ihn suchten, an die Seite zu stellen. Zunächst definieren wir die *Affine Ebene* $\mathfrak{A}$ ($\mathfrak{K}$) *über dem Körper* $\mathfrak{K}$ als ein System aus zwei Bereichen von Gegenständen, den Punkten P und den Geraden G mit einer Inzidenzrelation, für das folgendes gilt:

Die Punkte P entsprechen eindeutig den Paaren x, y von Elementen aus $\mathfrak{K}$; die Elemente x, y heißen die Koordinaten von P.

Die Geraden G entsprechen eindeutig denjenigen Tripeln a, b, c von Elementen aus $\mathfrak{K}$, für die entweder $b = 1$ oder $a = 1$, $b = 0$ ist; die Elemente a, b, c heißen die Koordinaten von G.

Der Punkt P mit den Koordinaten x, y und die Gerade G mit den Koordinaten a, b, c inzidieren genau dann, wenn

$$ax + by + c = 0$$

ist.

Unter der *Affinen Geometrie über* $\mathfrak{K}$ verstehen wir das System $\mathfrak{T}$ ($\mathfrak{K}$) der Aussagen über die Figuren von $\mathfrak{A}$ ($\mathfrak{K}$). Wir fragen nun nach denjenigen Aussagen über Figuren, die in *jeder* so definierten Affinen Geometrie gelten und geben die Antwort auf diese Frage mit dem Begriff der Affinen Ebene *A*.

Ein System aus zwei Bereichen von Gegenständen, den Punkten P und den Geraden G mit Inzidenzrelation heiße eine *Affine Ebene A*, wenn für die Figuren des Systems folgendes gilt:

1. *Zwei verschiedene Punkte des Systems bestimmen eine und nur eine Gerade.*

2. *Zu einer Geraden* G *und einem Punkt* P, *der nicht mit ihr inzidiert, gibt es eine und nur eine Gerade* G*, *die mit* P *inzidiert und* G *nicht schneidet.*

3. *Es gibt drei Punkte, die nicht auf einer Geraden liegen. Die Figur von* Pascal *existiert über je vier Punkten* P_1, P_2, Q_1, Q_2, *von denen je drei nicht auf einer Geraden liegen.*

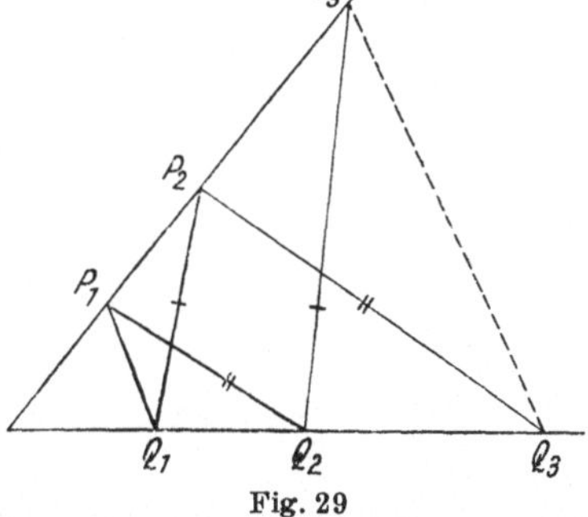

Fig. 29

Zur Erläuterung der Figur von Pascal bemerken wir unter Verweisung auf nebenstehende Zeichnung (Figur 29), daß Q_3 als Schnittpunkt der

Parallelen zu $P_1 Q_2$ durch P_2 mit der Geraden durch Q_1, Q_2 und daß P_3 als Schnittpunkt der Parallelen zu $Q_1 P_2$ durch Q_2 mit der Geraden durch P_1, P_2 bestimmt ist. Die Schließungsaussage ist dann, daß die Gerade $Q_3 P_3$ zu der Geraden $Q_1 P_1$ parallel ist.

Unter der zu A gehörigen Affinen Geometrie verstehen wir die Gesamtheit $\mathfrak{T}(A)$ der Aussagen über die Figuren von A.

Die Antwort auf die Frage nach der Kennzeichnung der Gesamtheit $\mathfrak{T}(A)$ der von der Auswahl des Körpers $\mathfrak{K}$ unabhängigen Sätze über Figuren gibt uns das folgende Theorem:

Die Affine Ebene $\mathfrak{A}(\mathfrak{K})$ über $\mathfrak{K}$ ist eine Affine Ebene A und zu jeder Affinen Ebene A gehört ein Körper $\mathfrak{K}$, dessen Affine Ebene $\mathfrak{A}(\mathfrak{K})$ sie ist.

Der erste Teil des Theorems ergibt sich durch Rechnung leicht aus den Körperaxiomen. Zur Erläuterung des Beweises des zweiten Teils wählen wir zwei Geraden G_1, G_2, die sich in O schneiden, als Achsen und auf ihnen je einen Punkt E_1, E_2, der von O verschieden ist. Alsdann besteht eine eindeutige Abbildung zwischen den Elementen a des Körpers $\mathfrak{K}$ und den Punkten P auf G_1. Wenn a, b den Punkten P_a, P_b entspricht, so findet man den Punkt P_{a+b}, der zu a + b gehört, indem man die Parallele zu G_1 durch E_2 mit der Parallelen zu G_2 durch P_b in Q zum Schnitt bringt und dann die Parallele zu $E_2 P_a$ durch Q mit G_1 schneidet (Figur 30). Und man findet den Punkt P_{ab}, der ab entspricht, indem man die Parallele zu $E_1 E_2$ durch P_b mit G_2 in Q zum Schnitt bringt und dann die Parallele zu $E_2 P_a$ durch Q mit G_1 schneidet (Figur 31). Für diese Operationen sind nun die Körperaxiome nachzuweisen und dann Punktkoordinaten und die Gleichungen für die Geraden abzuleiten. Den Regeln für die Operationen entsprechen Schließungssätze, und es zeigt sich, daß diese Schließungssätze sämtlich aus dem Satz von PASCAL folgen.

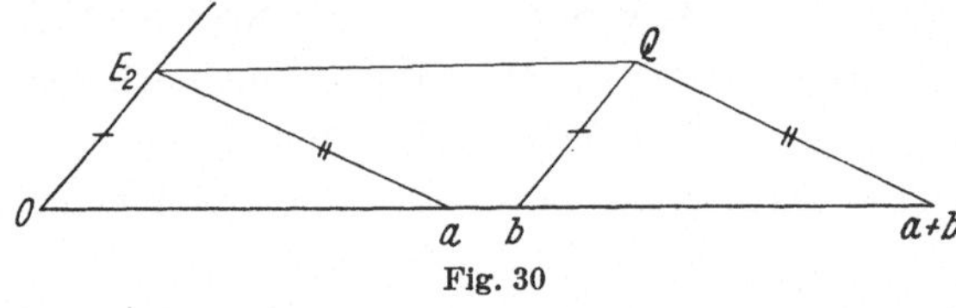

Fig. 30

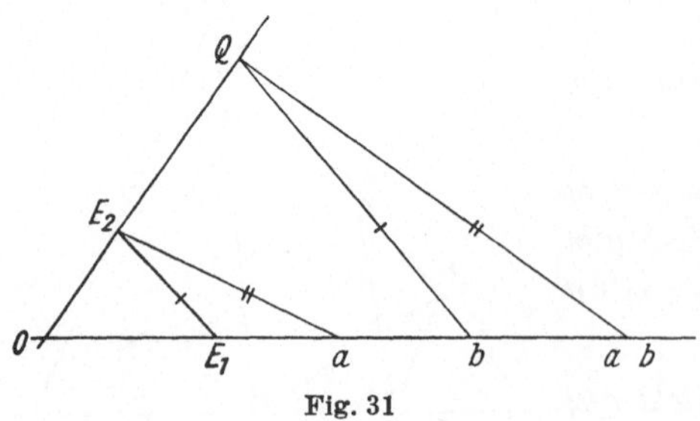

Fig. 31

Der schöne Zusammenhang zwischen Figuren der Euklidischen Ebene und dem Körperbegriff, der so zutage tritt, beweist, wie angemessen das durch die Axiomatik hervorgerufene Interesse an den Beweiszusammenhängen ist, und die Auffassung, daß die Durchleuchtung von Begriffsstrukturen die ursprüngliche Aufgabe des mathematischen Denkens ist, kann nicht besser illustriert werden als durch die eindrucksvolle Korrespondenz zwischen elementaren Schließungsfiguren und Regeln für das Rechnen mit Strecken, die für den dogmatischen Standpunkt bestenfalls ein glücklicher Zufall ist.

* * *

Wie den Geraden, so lassen sich auch den Kreisen Prädikate zuordnen, und es liegt nahe, der Euklidischen Geometrie ein System aus drei Bereichen von Gegenständen, von Punkten, Geraden und Kreisen zuzuordnen und darin die Geraden und Kreise als Prädikate für Punkte bzw. als Punktmengen aufzufassen. Dazu gehört dann wieder eine Inzidenzrelation, und wir können wieder von Figuren auch dieses Systems sprechen. Insbesondere läßt sich jede affine Ebene $\mathfrak{A}$ ($\mathfrak{K}$) über dem Körper $\mathfrak{K}$ zu einer Ebene $\mathfrak{B}$ ($\mathfrak{K}$) mit Kreisen erweitern, indem wir jedem Tripel a, b, r von Elementen aus $\mathfrak{K}$ die Gleichung

$$(x - a)^2 + (y - b)^2 = r^2$$

als Inzidenzregel für Punkte und Kreise zuordnen. Nun wissen wir aber, daß die Konstruktionen mit Zirkel und Lineal in einer Ebene, die zu einem Körper reeller Zahlen gehört, dann und nur dann durchführbar sind, wenn dieser Körper ein Euklidischer ist[1]. Und so werden wir analog zur Affinen Geometrie eine Äquiforme Geometrie, wie wir sie nennen wollen, erklären können, welche diejenigen Aussagen über Figuren umfaßt, die in allen Ebenen $\mathfrak{B}$ ($\mathfrak{K}$) mit Euklidischem Körper $\mathfrak{K}$ gelten.

Indessen beschränkt sich die Axiomatik nicht auf die Untersuchung der Figuren aus Gegenständen verschiedener Gegenstandsbereiche mit Inzidenzrelationen. Sie betrachtet auch die Struktur von Aussagesystemen, die mit Hilfe von Relationen wie „größer als" gebildet sind. Und das System der Aussagen der Euklidischen Geometrie bekommt eine viel durchsichtigere Form, wenn wir sie statt auf die den Geraden und Kreisen zugeordneten Prädikate auf geeignete Relationen zurückführen, nämlich neben der Inzidenzrelation für Punkte und Geraden auf die Relation „zwischen" für Punkte einer Geraden und auf Kongruenzrelationen. Alsdann kann die Struktur der Euklidischen Geometrie durch wenige, ihrem Sinn nach unmittelbar verständliche Axiome charakterisiert werden.

[1] Vgl. Abschnitt IX.

Hilbert unterteilt die Axiome in fünf Klassen. Die vierte Klasse besteht nur aus dem Parallelenaxiom, das wir mit den Axiomen der ersten Klasse, den Axiomen der Verknüpfung, zu den Inzidenzaxiomen der Affinen Geometrie zusammengefaßt haben. Es ist das einzige seiner Axiome, das nicht in der sogenannten Nichteuklidischen Geometrie von Bolyai und Lobatschefski gilt. Die zweite Klasse bilden die Axiome der Anordnung, in denen zunächst einige Struktureigenschaften der Zwischenrelation für Punkte einer Geraden ausgesprochen werden und dann eine Aussage über die Kanten eines Dreiecks und eine Geraden gemacht wird, deren Unentbehrlichkeit erst von Pasch entdeckt worden ist. Das Axiom von Pasch besagt, daß eine Gerade, welche eine Kante eines Dreiecks schneidet und durch keine Ecke des Dreiecks geht, noch eine zweite Kante des Dreiecks schneiden muß. Die dritte Klasse sind die Axiome der Kongruenz, die einerseits das Abtragen kongruenter Strecken beschreiben und in denen ferner ein Satz über das Abtragen kongruenter Winkel und dann ein Grundsatz über die Kongruenz von Dreiecken formuliert wird, der alsbald erlaubt, den ersten Kongruenzsatz für Dreiecke, den Euklid mit Deckungsgleichheit ableitet, mit Hilfe der übrigen Axiome über das Abtragen von Strecken und Winkeln zu beweisen. Die fünfte Klasse besteht aus den beiden Axiomen der Stetigkeit, durch welche die Strecken zu den reellen Zahlen in Verbindung gesetzt und so zu Größen im Sinne Euklids werden. Das erste Axiom, das Archimedische, besagt, daß jeder Klasse kongruenter Strecken eine positive reelle Zahl entspricht. Das zweite Axiom, das Vollständigkeitsaxiom, besagt, daß umgekehrt jeder positiven reellen Zahl genau eine Klasse kongruenter Strecken entspricht.

Der wesentliche Schritt bei dem Nachweis, daß diese Axiome zur Definition der Euklidischen Geometrie ausreichen, ist der Beweis des Satzes von Pascal, oder genauer des Satzes von Pascal für rechtwinklige Achsenkreuze, mit dessen Hilfe dann die Streckenrechnung begründet und eine analytische Geometrie eingeführt wird. — Der Weg zum Beweis des Satzes von Pascal führt über die Lehre von den Kreisvierecken.

Es gibt jedoch zahlreiche andere Möglichkeiten, diesen Beweis zu führen, und der natürliche Wunsch, diese mannigfaltigen Beweiszusammenhänge zu durchschauen, gab Anlaß zu verfeinerter axiomatischer Aussonderung von Sätzen der Äquiformen Geometrie, die zu einem Beweise des Satzes von Pascal ausreichen. Eine Relation, die sich dabei als neuer Grundbegriff empfiehlt, ist die des *Senkrechtstehens* von

Geraden, und es stellt sich die Möglichkeit der direkten Definition einer *Rechtwinkelgeometrie* heraus, in welcher die Zwischenrelation und die Kongruenzrelation nicht mehr Grundbegriffe sind und welche doch zu einer Definition der Euklidischen Geometrie ausgestaltet werden kann. Hierdurch wird dann auch eine Brücke zur Definition der Euklidischen Geometrie mit Hilfe des Spiegelungskalküls, von dem wir eingangs sprachen, geschlagen; denn die Spiegelung an Geraden hängt ja eng mit dem Senkrechtstehen zusammen.

Der Kern der Axiome der Rechtwinkelbeziehung ist der Höhensatz für Dreiecke, der Satz also, daß die drei Höhen eines Dreiecks sich in einem Punkte schneiden. In der Tat ist zur Formulierung dieses Satzes nur die Inzidenzrelation für Punkte und Geraden und die Rechtwinkelbeziehung für Geraden notwendig. Wie SCHUR gezeigt hat, folgt der Satz von PASCAL für ein rechtwinkliges Achsenkreuz aus dem Höhensatz, und zwar durch dreimalige Anwendung desselben. Quadrate lassen sich als Rechtecke mit rechtwinkligen Diagonalen und allgemeiner Rhomben als Parallelogramme mit rechtwinkligen Diagonalen und über die Rhomben dann die Kongruenz für Strecken erklären. Merkwürdigerweise ist ein Körper, welcher auf Grund des PASCALschen Satzes zu einer Rechtwinkelgeometrie gehört, in der der Höhensatz gilt und in der sich über jeder Strecke ein Quadrat errichten läßt, dadurch charakterisiert, daß die Gleichung $x^2 = -1$ keine Auflösung in ihm besitzt. Diese Ungleichung erlaubt dann, den Körper zu einem „komplexen" zu erweitern, dessen Elemente und Verknüpfungen ganz wie auf S. 37 zu erklären sind. Ordnet man jedem Punkt mit den Koordinaten x, y die komplexe Zahl $z = x + iy$ zu, so ist die Transformation $z' = iz$ eine Drehung um neunzig Grad, und man ist mit einem Schlage über die Quadrate der Ebene orientiert. Ferner bestätigt man leicht, daß die Abbildungen $z' = cz + d$, wo c und d komplexe Zahlen seien, die Rechtwinkelbeziehungen erhalten. Diesen einfachen algebraischen Eigenschaften entsprechen ebenso einfache Konstruktionen. Wenn ein Quadrat Q vorgegeben ist, so lassen sich alle anderen Quadrate allein mit dem Lineal und dem Parallelenlineal konstruieren. Die Sätze der Rechtwinkelgeometrie sind Schließungssätze, wobei das Sich-Schließen in der Koppelung von Inzidenz, Parallelismus und Rechtwinkligkeit besteht. Durch diesen Charakter erwecken sie unmittelbar geometrisches Interesse.

* * *

Die Darlegungen dieses Abschnitts ergänzen den ersten Abschnitt in der Begründung der These, daß der wahre Gegenstand des mathematischen Denkens die Struktur von Eigenschafts- oder Sachverhaltsbereichen ist.

Im ersten Abschnitt zeigten wir, daß anschaulich konzipierte Sachverhalte und Eigenschaften eine Struktur besitzen, die das Nachdenken fesselt und zur Nachkonstruktion strukturierter Eigenschaften und Sachverhalte im reinen Denken erweckt. Die *Struktur anschaulicher Eigenschaften* eröffnet sich nur allmählich für den Nachdenkenden, weil sie eine logische Eigenschaft dieser Eigenschaften ist, die sich darin zeigt, daß aus der Geltung gewisser Eigenschaften für die Dinge des Bereichs auf andere Eigenschaften geschlossen werden kann. In der Nachkonstruktion dieser Schlüsse setzt das reine Denken spontan ein.

In dem jetzigen Abschnitt haben wir die *Struktur von Aussagesystemen* aufgeklärt und von den einfachsten solchen Systemen $\mathfrak{S}$ mit nur einem Bereich von Gegenständen und nur einem Bereich von Prädikaten den Weg zu komplizierteren Strukturen gebahnt, in denen Relationen eine maßgebliche Rolle spielen, — und zwar indem wir dem System $\mathfrak{S}$ eine Inzidenzrelation und Figuren zuordneten.

Die Anwendung dieser Methode zur Ermittlung der Axiome der Affinen Geometrie führte zu konkreten geometrischen Resultaten, welche anschaulich verständlich sind und beweisen, daß das anschauliche Interesse und das logische Interesse sich von der Struktur her interpretiert ergänzen und bestätigen.

Dagegen wird die ontologisch-dogmatische Interpretation der Euklidischen Geometrie in der Form EUKLIDS weder der Anschauung noch der logischen Form dieses Aussagesystems gerecht, und man muß sich daher von dieser Auffassung lösen, um ein natürliches Verhältnis von Anschauung und Denken herzustellen.

VII

EINE BEGRÜNDUNG DER INFINITESIMALRECHNUNG

Ich möchte in den folgenden Zeilen einen Aufbau der Differential- und Integralrechnung schildern und einige Gesichtspunkte erörtern, unter denen dieser Aufbau vielleicht Interesse verdient.

Die Hauptschwierigkeit der Infinitesimalrechnung ist die Einführung der reellen Zahlen. Dort liegt das Kernproblem der mathematisch-logischen Begründung, dort liegt die erkenntnistheoretische Schwierigkeit, die man kurz das Problem der reinen Anschauung nennt, dort liegt aber auch die Schwierigkeit für den Lernenden und Lehrenden: Wie genau soll ein Beweis geführt werden, an welcher Stelle soll der kritische Sinn geweckt werden? Was ist bekannt und sicher und was nur scheinbar bekannt und unsicher?

Die Entdeckung des Differentialquotienten und des Integrals erfolgte zu einer Zeit, als man in der Mathematik nicht „more geometrico" dachte. Das Vertrauen zu der neuen Methode stützte sich auf ihren Erfolg; die logischen und erkenntnistheoretischen Zweifel beschieden sich und überließen der formalen Phantasie die Zügel. Erst nach etwa hundert Jahren tritt hierin eine Wandlung ein. CAUCHY und DEDEKIND bezeichnen die zwei klassischen Etappen der kritischen Besinnung; CAUCHY untersucht den Grenzwertbegriff, DEDEKIND führt den Begriff des Schnittes — ganz ähnlich wie es EUKLID schon getan hatte — ein; alsbald entsteht aber jene Krise der mathematischen Logik, von der heute so viel gesprochen wird und die auch den DEDEKINDschen Begriff der reellen Zahlen erschütterte.

Vergegenwärtigen wir uns an Beispielen die Gedanken, welche den drei genannten Perioden den Stempel aufdrücken!

Die Entdecker LEIBNIZ und NEWTON konstruieren einen Kalkül; sie fassen das Differenzieren und Integrieren als Prozesse auf, die aus Funktionen neue Funktionen erzeugen, als Prozesse, die man iterieren kann und die gewisse Rechenregeln erfüllen, deren Eleganz sie anziehend macht. CAUCHYS Neuerungen betreffen den Bereich des Grenzwertes von Zahlenfolgen und den der stetigen Funktionen. Beispielsweise erbringt CAUCHY den Nachweis, daß eine stetige Funktion $f(x)$ mit $f(a) < 0$, $f(b) > 0$ eine Nullstelle x_0 mit $a < x_0 < b$ hat, genau so, wie wir es gewohnt sind, durch Konstruktion einer Intervallschachtelung, und was DEDEKIND hinzufügt, ist nur die Erkenntnis, daß es nicht selbstverständlich ist, daß eine Intervallschachtelung einen Punkt bestimmt. Er konstruiert daher solche Punkte, in kritischer Anlehnung an die Anschauung der stetigen Zahlengeraden, durch seine Schnitte.

Die neue Krise schließlich entsteht aus der Wendung „alle Eigenschaften". „Alle reellen Zahlen" sind nach DEDEKIND soviel wie „alle Schnitte rationaler Zahlen", also fast soviel wie „alle Eigenschaften rationaler Zahlen" oder wie „alle Mengen aus rationalen Zahlen" — und der Begriff „alle Mengen" ist bei unvorsichtigem Gebrauch widerspruchsvoll. Um den wesentlichen Bezug auf alle reellen Zahlen kommt man aber z. B. bei der Definition der oberen Grenze nicht herum.

Wie verschiedenartig sind doch für das mathematische Empfinden diese drei Fragengebiete! Was hat, so fragen wir unvermittelt, der Kalkül des Differenzierens mit dem Begriff „alle Mengen" zu tun? Ja, was hat ein solcher Kalkül auch nur mit Intervallschachtelungen und Existenz von Punkten zu tun? Ist dieser Kalkül nicht viel eher der Algebra verwandt als der Punktmengenlehre und der Mengenlehre?

Eine ähnliche Verschiedenheit der Sphären, die dem mathematischen Geschmack ebenso einleuchtet wie dem kritischen Sinn, gibt es in anderen Disziplinen. Nehmen wir die Euklidische Geometrie: die Lehre von den Proportionen und die Dreieckskonstruktionen sind zwei geometrische Gebiete, die jeder sicher als verschieden empfindet, obgleich sie sich mit denselben Punkten, Geraden und Strecken befassen. Und wir verstehen diese Empfindung, sofern wir „more geometrico"[1], d. h. axiomatisch denken: die Proportionenlehre ist ein Kapitel der Affinen Geometrie, die Dreieckskonstruktionen sind eines der Metrischen Geometrie. Die affinen Sätze beruhen aber auf viel einfacheren Voraussetzungen als die metrischen Konstruktionen.

Die axiomatische Methode also ist es, welche uns in der Geometrie erlaubt, die für unser Empfinden zusammengehörigen Teile als zusammengehörig zu erkennen. Was ist naheliegender als die Frage, wie es mit der Axiomatik der Differentialrechnung steht und ob wir nicht auch hier jene gefühlsmäßig unterschiedenen Sphären voneinander abtrennen können, ob es nicht auch hier einfache und leicht begründbare Teilgebiete gibt und wo die Grenze zwischen diesen und den problematischen Teilen liegt.

Unser Ziel ist dabei weniger, die fertige Differentialrechnung axiomatisch zu untersuchen, als vielmehr einen naturgemäßen Aufbau der

[1] Vgl. S. 101, Anm.

Differentialrechnung zu finden. Die Axiome sollen für uns Grundsätze werden, die uns einleuchten, die wir annehmen und auf die wir die Lehrsätze aufbauen wollen. Wir wollen also mehr wie EUKLID als wie HILBERT verfahren. Das Verständnis für Grundsätze und Lehrsätze aber wird man jedem zumuten, der Mathematik treiben will. Später können wir dann die Axiomatik der Differentialrechnung um ihrer selbst willen untersuchen.

* * *

Die Grundelemente der Infinitesimalrechnung sind die Funktionen von einer Veränderlichen $y = f(x)$. Der anschauliche Anlaß, solche Funktionen zu konstruieren, sind Kurven, die in einem rechtwinkligen Koordinatensystem festgelegt werden sollen. Das beruht auf der Vorstellung, daß ein Punkt durch Abszisse und Ordinate bestimmt ist und diese durch Maßzahlen gemessen werden können. Kurz, wir haben zur Definition einer Funktion zunächst einen Bereich von Zahlen nötig. Beispiele von Zahlen sind uns bekannt: die natürlichen Zahlen, die rationalen Zahlen — wir lassen dahingestellt, ob es noch weitere Zahlen gibt, und schließen diese Möglichkeit jedenfalls nicht aus. Für die rationalen Zahlen gibt es zwei Rechenoperationen, die Addition und Multiplikation, die einigen Rechenregeln genügen, welche aus dem sogenannten Buchstabenrechnen her bekannt sind. Ferner lassen sich die rationalen Zahlen anordnen, und die Größerrelation ist durch die sogenannten Monotoniegesetze mit Addition und Multiplikation verknüpft. Diese Tatsachen sprechen wir kurz so aus: Die rationalen Zahlen bilden einen geordneten Zahlkörper. Unsere erste Grundannahme sei nun: Es gibt einen geordneten Zahlkörper, welcher die rationalen Zahlen enthält und hinreicht, um die anschaulichen Kurven durch geeignete streng definierte Gebilde zu ersetzen.

Alsdann erklären wir eine Funktion $y = f(x)$ als eine Wertezuordnung. Insbesondere braucht eine Funktion nur für gewisse x, etwa ein gewisses Intervall $a \leqq x \leqq b$ erklärt zu sein.

Aus der Anschauung entnehmen wir nun die Grundaufgabe der Differentialrechnung, die Tangentenrichtung einer Kurve zu bestimmen. Unschwer übersetzt man diese Aufgabe in die Frage, wie sich

$$F(h) = \frac{f(x+h) - f(x)}{h}$$

für kleine h verhält. Die Frage ist, ob diese Werte in der Nähe der Tangentenrichtung $\operatorname{tg} \alpha = A$ liegen, ob also $|F(h) - A|$ klein ist, wenn $|h|$ klein ist, d. h. in bekannter Symbolik: es fragt sich, ob

$$|F(h) - A| < \varepsilon, \quad \text{sobald} \quad |h| < \delta(\varepsilon).$$

Wie man sieht, setzt diese Begriffsbildung nur die Grundsätze eines geordneten Körpers voraus. Der Absolutbetrag $|a|$ läßt sich für $a > 0$ gleich a, für $a < 0$ gleich $-a$ und für $a = 0$ gleich 0 erklären. Es folgen dann die üblichen Rechenregeln für den Absolutbetrag, und daraus ergeben sich unmittelbar die Rechengesetze für die Grenzwerte, also etwa

$$\lim_{h\to 0} (F_1(h) + F_2(h)) = \lim_{h\to 0} F_1(h) + \lim_{h\to 0} F_2(h).$$

Wir erklären nun weiterhin die Stetigkeit einer Funktion durch die Forderung

$$\lim_{h\to 0} f(x+h) = f(x)$$

und finden Sätze wie die, daß Summe und Produkt stetiger Funktionen stetig sind. Ebenfalls ergibt sich, daß die geschachtelte Funktion $f(g(x))$ stetig ist, wenn $f(x)$ und $g(x)$ stetige Funktionen sind. Anschließend gelangen wir in der üblichen Weise zur Erklärung des Differentialquotienten, und auch hier lassen sich die formalen Rechenregeln ohne weiteres in der üblichen Weise als richtig erkennen, so die Sätze über den Differentialquotienten von Summe, Produkt, Quotient und geschachtelter Funktion.

Damit ist der formale Kalkül der Differentialrechnung in das Axiomensystem des geordneten Körpers eingeordnet, und dieser Teil der Differentialrechnung ist also zum mindesten unabhängig von der problematischen Definition des Körpers der reellen Zahlen.

Wir können leicht Beispiele für stetige und differenzierbare Funktionen angeben: $f(x) = x$ und damit $f(x) = x^n$ und damit die ganzen rationalen und gebrochenen rationalen Funktionen sind differenzierbar und also auch stetig.

Hierzu noch zwei Bemerkungen. Lagrange hat den Differentialquotienten $f'(x)$ für ganze rationale Funktionen formal durch Umformung von $f(x+h)$ zu

$$f(x+h) = f(x) + hf'(x) + h^2 g(x,h)$$

erklärt. Diese Beziehung gilt natürlich auch für unsere Definition, aber sie ist trotzdem begrifflich von der Lagrangeschen verschieden. Lagrange benutzt einerseits die Anordnung nicht, sondern nur die Körperrechenregeln; dafür kann er andrerseits nicht an die anschauliche Vorstellung der Tangente anknüpfen. Wichtig ist es für uns ja, nicht irgendwie ganze rationale Funktionen in beliebigen Körpern zu differenzieren, sondern unsere üblichen Vorstellungen und Begiffsbildungen zu analysieren.

Und ein zweites! Wir benützen in der üblichen Betrachtungsweise noch eine andere Erklärung des Grenzwertes, indem wir zunächst den

Grenzwert einer Zahlenfolge erklären. Auch diese Begriffsbildung läßt sich in geordneten Körpern aussprechen, aber abgesehen von der trivialen Folge $a_i = a$ läßt sich keine konvergente Zahlenfolge angeben. Man sieht also, daß der Funktionsgrenzwert ein einfacherer Begriff als der Folgengrenzwert ist, und damit sind die CAUCHYschen Grenzwert- und Stetigkeitsuntersuchungen sachlich erkennbar von den formalen Überlegungen von LEIBNIZ und NEWTON getrennt. Der Begriff der Fluxion als Funktionsgrenzwert ergibt sich als wesentlich verschieden vom Grenzwert der Punktmengenlehre.

Was die Verständlichkeit unseres Aufbaus angeht, so könnte man an dem Begriff des geordneten Körpers Anstoß nehmen. Aber die Regeln des Buchstabenrechnens sind jedem, der Differentialrechnung treiben will, vertraut, und es handelt sich hier ja nur um die Aufgabe, die analytischen Definitionen auf die Grundregeln des Zahlenrechnens zurückzuführen.

Die Einbeziehung der Anschauung schließlich ist hier ganz sauber — sie gibt Anlaß zu Begriffsbildungen, deren Bereich wir nach den zulässigen Konstruktionsmitteln vorher umgrenzt haben; sie gibt Anlaß zu Versuchen und Vermutungen, aber sie beweist nichts. Wer möchte auch erwarten wollen, Sätze über Funktionen aus beliebigen geordneten Zahlkörpern aus der Anschauung entnehmen zu können! So stellt unser Vorgehen auch die gerechte Sphärentrennung zwischen Denken und Raumanschauung her. —

* * *

Wir wenden uns nun wieder dem weiteren Aufbau der Infinitesimalrechnung zu. Von der anschaulichen Aufgabe der Flächeninhaltsberechnung ausgehend können wir das bestimmte Integral ebenfalls unter Vermeidung des Grenzwertes von Zahlenfolgen durch Näherungssummen erklären. Die Voraussetzung ist, daß sich das Integrationsintervall $a \leqq x \leqq b$ in endlich viele beliebig kleine Teile zerlegen läßt, daß also zu jedem η eine natürliche Zahl m und eine endliche Folge

$$x_i < x_{i+1} \quad (i = 1, 2, \ldots, m) \quad \text{mit } x_1 = a, \quad x_{m+1} = b \text{ und } x_{i+1} - x_i < \eta$$

gefunden werden kann. Solche Intervalle mögen meßbar heißen. Ist nun noch $x_i \leqq \xi_i \leqq x_{i+1}$, so ist

$$N = \sum_{i=1}^{m} f(\xi_i)(x_{i+1} - x_i)$$

eine Näherungssumme, und I ist das Integral, wenn $|N - I| < \varepsilon$ gemacht werden kann, dadurch daß $x_{i+1} - x_i < \delta(\varepsilon)$ gewählt wird. Alsdann läßt sich wie üblich

$$\int_a^x f(\xi)\,d\xi = F(x)$$

erklären.

Wie steht es nun mit dem Zusammenhang zwischen Integration und Differentiation? Dies lehren die beiden folgenden Sätze:

Satz 1: Ist f (x) stetig und existiert

$$\int_a^x f(\xi)\,d\xi = F(x),$$

so ist die Ableitung des Integrals

$$F'(x) = f(x).$$

Satz 2: Ist

$$\left| \frac{F(x_1) - F(x_2)}{x_1 - x_2} - f(x_i) \right| < \varepsilon \quad (i = 1, 2), \quad \text{wenn } |x_1 - x_2| < \delta(\varepsilon)$$

gleichmäßig für alle x_1, x_2 ist, so ist

$$\int_a^b f(\xi)\,d\xi = F(b) - F(a).$$

Dieser Satz ist gleichwertig mit der folgenden Formulierung:

Ist F (x) gleichmäßig differenzierbar, so ist das Integral über die Ableitung

$$\int_a^x F'(\xi)\,d\xi = F(x) + \text{Konst.}$$

Der Beweis für die beiden Sätze ist unschwer zu erbringen. Der Beweis für Satz 1 ist der übliche. Er beruht auf der Gleichung

$$\int_a^b f(\xi)\,d\xi + \int_b^c f(\xi)\,d\xi = \int_a^c f(\xi)\,d\xi, \quad a < b < c$$

und der Abschätzung:

$$\text{aus } a < b,\ f(\xi) < g \quad \text{folgt} \int_a^b f(\xi)\,d\xi \leqq g(b - a),$$

die auf der Rechenregel für Ungleichungen für Grenzwerte beruht, und der analogen Abschätzung nach unten.

Zum Beweis von Satz 2 setzen wir

$$I = F(b) - F(a) = \sum_{i=1}^{m} F(x_{i+1}) - F(x_i)\,;$$

alsdann ist

$$|I - N| = \left| \sum \left[\frac{F(x_{i+1}) - F(x_i)}{x_{i+1} - x_i} - f(\xi_i) \right] (x_{i+1} - x_i) \right|$$

$$\leqq \sum \left| \frac{F(x_{i+1}) - F(x_i)}{x_{i+1} - x_i} - f(x_i) \right| (x_{i+1} - x_i)$$

$$+ \sum | f(x_i) - f(\xi_i) | (x_{i+1} - x_i)\,,$$

woraus die Behauptung alsbald folgt.

Die beiden Sätze drücken aus, unter welchen Voraussetzungen die Differentiation und Integration inverse Prozesse sind. In Anwendung auf ganze rationale Funktionen ergibt sich, daß diese über alle meßbaren Intervalle integrierbar sind, weil sie Differentialquotienten gleichmäßig differenzierbarer Funktionen sind. Für die ganzen rationalen Funktionen ergeben sich also die bekannten Regeln, die auf der Gleichung

$$\int_a^x \xi^n \, d\xi = \frac{1}{n+1} x^{n+1}$$

beruhen. Betrachten wir ferner die Gleichung $F'(x) = f(x)$ und nennen alle Lösungen derselben insgesamt das unbestimmte Integral von $f(x)$, so erkennt man, daß die allgemeine Lösung sich aus einer einzelnen $F_0(x)$ und einer beliebigen Lösung $G(x)$ der Gleichung $G'(x) = 0$ in der Form

$$F(x) = F_0(x) + G(x)$$

zusammensetzt. Im Bereich der ganzen rationalen Funktionen ergibt sich $G(x)$ als eine beliebige Konstante. Somit erhalten wir alle bekannten Sätze über bestimmte und unbestimmte Integrale von ganzen rationalen Funktionen und natürlich auch für diejenigen rationalen Funktionen, welche rational integrierbar sind.

* * *

Sehen wir uns nun nach der Tragweite unserer Ergebnisse für beliebige Funktionen um! Hier klafft eine Lücke, die wir gerade von dem hier eingenommenen Standpunkt des formalen Aufbaus stark empfinden müssen. Die Definition des unbestimmten Integrals betreffend wissen wir nicht, welche Lösungen die Gleichung $G'(x) = 0$ noch etwa außer konstanten Funktionen hat. Ferner ergänzen sich Satz 1 und 2 nicht in der aus der gewöhnlichen Differentialrechnung bekannten Weise. Es fehlt hierzu die Existenz des Integrals von stetigen Funktionen. Nehmen wir diese Existenz axiomatisch an, so vereinfacht sich Satz 1 zu der Aussage: Ist f (x) stetig, so ist

$$\frac{d}{dx}\int_a^x f(\xi)\,d\xi = f(x)\,.$$

Ferner folgt die Existenz des Integrals

$$I(x) = \int_a^x F'(\xi)\,d\xi$$

in der zweiten Formulierung des Satzes 2, und aus Satz 1 folgt, daß die Ableitung $I'(x) = F'(x)$ ist. Satz 2 folgt also, wenn die stetigen Funktionen integrierbar sind und die Lösungen der Gleichung $G'(x) = 0$ nur Konstanten sind.

Aber wir können auch nicht erwarten, daß sich diese Lücken für beliebige Funktionen in beliebigen geordneten Zahlkörpern ausfüllen lassen. Zum mindesten benutzen die geläufigen Beweise weitergehende Hilfsmittel. Die Integrierbarkeit der stetigen Funktionen bedeutet die Existenz einer Zahl, die nur durch einen Grenzwertprozeß errechnet werden kann. Das ist eine ganz andersartige Existenzbehauptung als die in Satz 2, nach welchem das Integral

$$\int_a^b F'(\xi)\,d\xi$$

zwar existiert, aber auch zugleich zu $F(b) - F(a)$ angegeben wird. Hier wird also ein neues Hilfsmittel, die Definition einer Zahl durch Grenzwertbildung, benützt. Der Nachweis, daß aus $G'(x) = 0$ die Gleichung $G(x) = \text{Konst.}$ folgt, beruht auf dem Satz von Rolle und dieser auf dem Satz vom Maximum von stetigen Funktionen, also ebenfalls auf der Konstruktion einer Zahl durch einen Grenzprozeß.

Notwendig müssen wir unsern Zahlbereich einengen und unsere Voraussetzungen über den Zahlbereich erweitern, wenn wir diese Schlüsse rechtfertigen wollen. Aber das war ja gerade unser Ziel: axiomatisch das Gebiet des Infinitesimalkalküls abzutrennen von dem Bereich, in welchem der Grenzwert von Zahlenfolgen wesentlich wird.

Die Einengung erfolgt durch zwei im Zusammenhang unseres Aufbaus elementar einleuchtende Axiome.

1. Im Hinblick auf die Integrale über die Funktion $f(x) = x$ entnehme ich aus der Anschauung die Forderung: Jedes Intervall ist meßbar.

Das heißt für Intervalle der Länge b in Zahlen übersetzt: Sind η, b zwei positive Zahlen, so läßt sich

$$b = \sum_{i=1}^{n} b_i$$

so setzen, daß $b_i < \eta$ ist, oder etwas einfacher:

Sind η, b zwei positive Zahlen, so gibt es eine natürliche Zahl n mit $n\eta > b$. Das ist das Archimedische Axiom, dessen Sinn an dieser Stelle unmittelbar einleuchtet. Es ist für rationale Zahlen leicht zu bestätigen. Ferner zeigt man leicht, daß sich jede Zahl eines Archimedisch geordneten Körpers eindeutig in einen Dezimalbruch entwickeln läßt.

2. Nun ist aber auch die zweite und letzte Forderung plausibel: Jeder Dezimalbruch definiert eine Zahl. (Vollständigkeitsaxiom.)

Durch diese beiden Forderungen sind alsdann die reellen Zahlen definiert. Zum Nachweis der Widerspruchsfreiheit kann man sich der Dedekindschen Konstruktion der reellen Zahlen bedienen. Anschließend werden die Sätze über Häufungspunkte, stetige Funktionen und die Mittelwertsätze der Differential- und Integralrechnung auf Grund unserer Axiome in üblicher Weise bewiesen. Damit ist der Aufbau, soweit er hier geschildert werden sollte, abgeschlossen.

* * *

Die Vorteile der geschilderten Begründung der Infinitesimalrechnung für das Verständnis und Interesse sehe ich, um dies noch einmal zusammenzufassen, in den folgenden Punkten:

1. Es wird direkt mit den Grundaufgaben der Differential- und Integralrechnung begonnen und ihre Lösung diskutiert.

2. Die Regeln des Kalküls der Infinitesimalrechnung sind einheitlich gruppiert und einheitlich und streng bewiesen. Die Infinitesimalrechnung erhält so vor der Einführung der reellen Zahlen einen wohlumrissenen konkreten Inhalt.

3. Der Übergang zu den reellen Zahlen durch das Archimedische und das Vollständigkeitsaxiom ist seinem Sinn nach verständlich.

4. Die Beweise aus dem Gebiet der Zahlenfolgen sind wiederum einheitlich gruppiert und ihre Rolle im Gesamtaufbau tritt deutlich hervor.

5. Der Aufbau spiegelt in mathematischer strenger Weise die historische Entwicklung der Disziplin wieder. Die Aufstellung des Archimedischen und des Vollständigkeitsaxioms entspricht der Etappe Cauchy, der Nachweis ihrer Widerspruchsfreiheit der Etappe Dedekind.

Schließlich weisen wir auf eine logische Eigenschaft unserer Sätze hin, nämlich die eingeschränkte Verwendung des kritischen Wortes „alle“ in unserem Aufbau! Die Verwendung von „alle“ für Zahlen unseres Bereiches ist ungefährlich, solange wir hierbei nicht neue Zahlen zu definieren versuchen. Daneben wird das Wort verwendet für Funktionen. Aber wir haben bei der Definition von Funktionen uns niemals auf die Gesamtheit von Funktionen bezogen, wir haben nur durch Summen- und Produktbildung neue Funktionen gebildet, d. h. wir können in einem festen Funktionenkörper operieren, welcher die Funktion $f(x) = x$ enthält. Beide Verwendungen des Wortes „alle“ sind also einwandfrei, und wir können die begründete Vermutung aussprechen, daß ein direkter Nachweis für die formale Widerspruchsfreiheit des Infinitesimalkalküls möglich ist.

Sehen wir uns noch zwei Modelle für unseren Gegenstandsbereich näher an! Die rationalen Zahlen und die rationalen Funktionen mit rationalen Koeffizienten lieferte uns ein solches Modell. Der reell-algebraisch abgeschlossene Körper[1] und seine rationalen Funktionen liefern uns darüber hinaus sogar einen Bereich, in welchem der Satz vom Maximum der stetigen Funktionen und der Satz von Rolle gilt. Somit können wir auch das Gebiet der Mittelwertsätze, insofern sie sich auf einen Funktionenkörper beziehen, mit einfachen Mitteln als widerspruchsfrei erkennen. In der Formulierung der Mittelwertsätze tritt ja in der Tat der Grenzwertprozeß nicht auf, sondern nur in dem üblichen Beweis dieser Sätze.

So stellt sich denn, wie es die Anschauung nahelegt, auch der Bereich der Mittelwertsätze als eine Disziplin heraus, die ebenso einfach und sicher ist wie die Euklidische Geometrie nach Absonderung des Vollständigkeitsaxioms. Wesentlich anders werden die logischen Schwierigkeiten, wenn wir konvergente Folgen zur Definition von Zahlen benutzen wollen. Das ist unumgänglich, wenn wir analytische Funktionen definieren wollen. Unser Ergebnis ist die Feststellung, daß erst an dieser Stelle die tieferen logischen Schwierigkeiten einsetzen.

[1] Dieser Körper besteht gerade aus allen reellen algebraischen Zahlen. Zur Definition der algebraischen Zahlen siehe S. 128.

VIII

CARL FRIEDRICH GAUSS

Die Sicherheit der mathematischen Erkenntnis kommt in der Entwicklung der mathematischen Wissenschaft dadurch zum Ausdruck, daß sich im Prinzip alle mathematischen Sätze zu einer einzigen großen widerspruchslosen Theorie vereinigt denken lassen. Unter diesem Aspekt gesehen, besteht die Geschichte der Mathematik nur in der Ausweitung dieses einen Systems. Wenn es trotzdem üblich und natürlich ist, von Epochen dieser Entwicklung zu sprechen, so hat das nicht nur äußerliche Gründe. Die Beweise, durch welche der logische Zusammenhang der mathematischen Sätze hergestellt wird, erschließen ein fruchtbares Verständnis für den mathematischen Sachverhalt nur, insofern sie selbst eine durchsichtige Struktur haben. Der Fortschritt der Mathematik besteht nicht nur in der Vermehrung der richtigen Sätze, sondern auch in der methodischen Durchdringung der Beweise. Und die Epochen gewinnen ihren Charakter durch die Eigenart der Methoden, die in ihnen vorzüglich angewandt werden.

„Mathematicorum Princeps" lautet die Inschrift der Medaille, die der König von Hannover zum Andenken an Carl Friedrich Gauss in dessen Todesjahr 1855 schlagen ließ. Wenn dieser Ruhmestitel uns so geläufig geworden ist und in unseren Ohren fast wie ein zweiter Name des so Geehrten klingt, so hat dies einen tieferen Grund als die schuldige Anerkennung großartiger Leistungen. Mit dem neunzehnten Jahrhundert beginnt eine neue Epoche der Mathematik, und Gauss ist ihr Princeps, weil er den Blick in einen neuen Kontinent mathematischer Sachverhalte eröffnet hat.

Das 17. und 18. Jahrhundert ist die Epoche der mathematischen Erfindung. Sie steht unter der Vorherrschaft des Kalküls und versteht das exakte Denken als einen Prozeß, der durch den rechten Kalkül befestigt und vorwärts getrieben werden soll. Dieser Gedanke bestimmt sowohl die Wendung Descartes' zur analytischen Geometrie, mit deren Hilfe die Schlüsse Euklids durch den Kalkül der Algebra ersetzt werden, wie Leibniz' Konstruktion der Differentialrechnung, durch die eine Fülle von Einzelüberlegungen methodisch zu einem Kalkül zusammengefaßt wird. Das Imaginäre und die unendlichen Reihen fügen sich in diesen Zusammenhang so ohne Anstoß ein, weil sich mit ihnen Rechnungen durchführen lassen, welche die Regelmäßigkeit eines Kalküls besitzen.

Die *Disquisitiones Arithmeticae*, das Hauptwerk von GAUSS aus dem Gebiet der reinen Mathematik, dessen Erscheinen (1801) das 19. Jahrhundert eröffnet, haben daneben gehalten den Charakter von Entdeckungen. Die Gegenstände der Arithmetik sind elementar genug: es sind die natürlichen Zahlen. Aber diese Dinge, die so einfach sind, solange man sie nur im Sinne ihres ersten Zwecks, dem Zählen, verwendet, beherbergen die Zahlen ohne Teiler, die Primzahlen, und die Eigenschaften der Primzahlen, die offenbar festliegen, sobald man die natürlichen Zahlen hat und die also nicht erfunden, sondern nur entdeckt werden können, konstituieren das Reich der Disquisitiones.

Der Anfang dieses Reiches ist dem Rechner praktisch zugänglich, doch der Ahnungslose verliert bald den Überblick. Der junge GAUSS indessen stiftet ohne andere Führung als sein Genie durch rastlosen Fleiß seine konkrete Bekanntschaft mit den Primzahlen, indem er z. B. die Reziproken aller Primzahlen zwischen 1 und 1000 in unendliche Dezimalbrüche, die ja bekanntlich eine endliche Periode besitzen, entwickelt, und er erkennt in den dabei beobachteten Regelmäßigkeiten die Form allgemeiner Gesetze, deren Ahnung ihn angezogen hatte und die er nun prägnant zu formulieren und zu beweisen lernt. Das Außerordentliche aber ist, daß diese zunächst so mühevolle Auseinandersetzung mit den Zahlen um der Zahlen willen in Zusammenhänge zwischen den Primzahleigenschaften mit ganz anderen Teilen der Mathematik hineinführt, aus denen hervorgeht, wie wesentlich das neue Gebiet im Ganzen der Mathematik ist. Denn nun ergibt sich plötzlich ein Einblick in die schon von den Griechen gestellten Fragen nach der Konstruierbarkeit von Figuren der Geometrie mit Zirkel und Lineal und insbesondere die Konstruierbarkeit des regelmäßigen Siebzehnecks. Diese Entdeckung, die GAUSS am 30. März 1796 in der Morgenfrühe gemacht hat und die ihn im Alter von 19 Jahren bestimmte, sich zum Studium der Mathematik zu entschließen, fundiert die neue Epoche, die nun für Arithmetik, Algebra und Funktionentheorie anbricht und die noch nicht zum Abschluß gekommen ist.

Im Jahre 1807 wurde GAUSS Professor und Direktor der Sternwarte in Göttingen. Obgleich er seine Vorliebe für die Zahlentheorie immer bewahrt hat und sein Nachlaß eine Fülle von Gedanken enthält, die der Weiterentwicklung der reinen Mathematik weit vorausgreifen, war er fortan stark durch die aus der Anwendung der Mathematik in Astronomie, Geodäsie und Pysik entstehenden Aufgaben beansprucht. Auf seinen Rechnungen beruht die Wiederentdeckung des kleinen Planeten Ceres. Die Geodäsie trägt noch heute das Gepräge, das Gauss ihr gab. Durch Probleme der Landesvermessung angeregt, begründete er die Theorie der gekrümmten Flächen. Die erste Telegraphenanlage verband seine Sternwarte mit dem physikalischen Kabinett Webers. Der Magnetismus stellte Probleme des Messens und der Wahl natürlicher Maßeinheiten.

Die Vielseitigkeit und die Intensität der Durchdringung exakter und praktischer Interessen, die sich in allen diesen Gebieten bekundet, hat kaum ihresgleichen. Aber das Epochale ist doch die geniale Entdeckung des Jünglings: die Zahlentheorie.

IX

GEOMETRIE UND ZAHLENTHEORIE

Die Gegenstände, die der mathematischen Analysis als analytisches Äquivalent von Kurven in der Ebene und Flächen im Raum zuwachsen, sind die Funktionen, die als Zuordnung von Zahlen zu Zahlen oder von Zahlen zu Zahlenpaaren analytisch erklärt und unter recht allgemeinen Voraussetzungen über den Charakter dieser Zuordnung den Methoden der mathematischen Analysis unterworfen werden können. Das kommt dann wieder der Geometrie zugute, die sich nun nicht mehr auf die Geraden, Kreise und Kegelschnitte zu beschränken braucht, sondern auch Kurven und Flächen behandeln kann, die den allgemeinen Funktionen der Analysis entsprechen. So entsteht z. B. die Differentialgeometrie der Flächen und daraus dann die Theorie der gekrümmten Räume, die das mathematische Gerüst für die allgemeine Relativitätstheorie ist. Das Fundament, auf dem die Leistung der mathematischen Analysis beruht, haben wir in Abschnitt III (Analytische Geometrie) kennengelernt, und wie weit verzweigt und ergebnisreich dies Gebiet auch ist, die Anwendungen der Mathematik in Physik und Technik vermitteln von dieser Leistung ein Bild, das im großen und ganzen zutreffend ist oder doch wenigstens der Bedeutung der Leistung gerecht wird. Ein durchaus neuartiges Licht wird dagegen auf die inneren Beziehungen von Zahl und Raum und die Einheit der reinen Mathematik, die weder durch den Wechsel der erkenntnistheoretischen Auffassungen des Mathematischen noch durch die Aufgliederung der Mathematik in die Vielzahl ihrer Gebiete betroffen wird, durch die in der analytischen Geometrie angebahnte Ergänzung der Lehre von den Konstruktionen mit Zirkel und Lineal geworfen.

Es ist die Zahlentheorie oder genauer die Theorie der algebraischen Zahlen, welche die notwendigen und hinreichenden Kriterien für die Konstruierbarkeit mit Zirkel und Lineal liefert und so einerseits zu der Entdeckung der Konstruierbarkeit des regelmäßigen Siebzehnecks geführt und andrerseits einige berühmte aus der Antike überlieferte Konstruktionsaufgaben — die Quadratur des Zirkels, die Dreiteilung des Winkels und die Verdopplung des Würfels — mit dem Nachweis beantwortet hat, daß diese Aufgaben unlösbar sind. Wir wollen zu verstehen suchen, inwiefern die Zahlentheorie für diese Probleme zuständig ist, und die der Unlösbarkeit der Verdopplung des Würfels und der Unlösbarkeit der Winkeldreiteilung entsprechenden zahlentheoretischen Theoreme formulieren und ihre Beweise erörtern.

Ein eingeschränkter Bereich von Punkten und Geraden der Euklidischen Ebene, in dem alle Konstruktionen mit dem Lineal ausführbar sind, läßt sich leicht angeben: der Bereich $\mathfrak{E}'$ aller Punkte mit rationalen Koordinaten und aller Geraden, deren Gleichungen rationale Koeffizienten haben. Denn zwei Geraden zum Schnitt zu bringen, heißt ja soviel, wie die Lösung von zwei linearen Gleichungen zu bestimmen und da diese Auflösung durch Anwendung der rationalen Rechenoperationen bewirkt wird, so ist die Lösung von Gleichungen mit rationalen Koeffizienten selbst rational. Ebenso folgt, daß die Koeffizienten einer Gleichung, die für zwei Paare rationaler Zahlen erfüllt sein soll, stets rational gewählt werden können.

Dieselbe Schlußweise läßt das folgende erkennen: Ist $\mathfrak{K}$ ein Körper reeller Zahlen und $\mathfrak{E}^*$ der Bereich der Punkte, deren Koordinaten Zahlen aus $\mathfrak{K}$ sind, und der Geraden, deren Gleichungen Koeffizienten aus $\mathfrak{K}$ besitzen, so lassen sich in $\mathfrak{E}^*$ die Konstruktionen mit dem Lineal ausführen. Denn die Körperaxiome garantieren ja gerade die Anwendung der rationalen Rechenoperationen. Hieraus folgt sogleich ein Kriterium für die Unlösbarkeit einer Konstruktionsaufgabe: Es ist nicht möglich, aus Punkten, deren Koordinaten Zahlen eines Körpers $\mathfrak{K}$ sind, mit dem Lineal einen Punkt zu konstruieren, dessen Koordinaten nicht in $\mathfrak{K}$ liegen. Denn die Konstruktionen mit dem Lineal führen ja nicht aus dem Bereich $\mathfrak{E}^*$ heraus.

Um zu einem Bereich $\mathfrak{E}$ von Punkten, Geraden und Kreisen zu kommen, in welchem auch die Konstruktionen mit dem Zirkel ausführbar sind, müssen wir dem Körper $\mathfrak{K}$ die Bedingung auferlegen, daß mit jeder positiven Zahl aus $\mathfrak{K}$ auch deren Quadratwurzel in $\mathfrak{K}$ vorkommt. Daß diese Bedingung hinreichend ist, ergibt sich daraus, daß die Schnittpunkte einer Geraden mit einem Kreise durch die Auflösung einer quadratischen Gleichung gefunden werden können, deren Koeffizienten durch die Gleichung der Geraden und die des Kreises bestimmt sind. Sollen zwei Kreise zum Schnitt gebracht werden, so subtrahiert man die eine Kreisgleichung von der anderen, so daß man eine lineare Gleichung erhält, und führt so diesen Fall auf den eben besprochenen zurück. Die Koeffizienten der Gleichung eines Kreises sind aus den Koordinaten seines Mittelpunktes und eines Punktes, durch den er hindurchgeht, rational zu bestimmen.

Andrerseits kann man aus zwei Strecken der Länge a bzw. b die Strecke der Länge $a + b$ und nach der Proportionenlehre auch Strecken der Länge ab und a/b durch Abtragen von Strecken, Ziehen von Parallelen und Schneiden von Geraden konstruieren. Daraus folgt, daß die Gesamtheit der Zahlen, die als Koordinaten eines Bereichs, in welchem die elementaren Konstruktionen durchführbar sind, auftreten, die Eigenschaft haben muß, daß mit zwei Zahlen a und b auch Summe und Produkt dieser Zahlen in der Gesamtheit vorkommen müssen und diese Gesamtheit daher ein Körper sein muß. Bringt man ferner einen Kreis mit dem Radius $1/2 + a/2$ um den Ursprung mit der Geraden $y = 1/2 - a/2$ zum Schnitt, so findet man eine Strecke der Länge $2\sqrt{a}$. Daraus folgt, daß mit jeder positiven Zahl a des Körpers auch $\sqrt{a}$ im Körper enthalten sein muß.

Einen Körper von dieser Beschaffenheit nennen wir einen *Euklidischen Körper* und formulieren über die Lösbarkeit von Konstruktionsaufgaben das folgende Theorem: *Ein Punkt ist dann und nur dann von Punkten aus, deren Koordinaten einem Euklidischen Körper $\mathfrak{K}$ angehören, mit Zirkel und Lineal konstruierbar, wenn seine Koordinaten in $\mathfrak{K}$ liegen.* Damit ist die Frage nach der Konstruierbarkeit von Punkten auf eine Frage der Zahlentheorie zurückgeführt, nämlich auf die Frage, ob eine gegebene Zahl einem gegebenen Euklidischen Körper angehört.

* * *

Hier setzt die Theorie der algebraischen Zahlen ein. *Eine reelle oder komplexe Zahl α heißt algebraisch, wenn es ein Polynom*

$$f(x) = a_0 + a_1 x + \cdots + a_n x^n$$

mit rationalen Koeffizienten a_k gibt, für welches

$$f(\alpha) = 0$$

ist. Und einer besonderen Theorie sind diese Zahlen zugänglich, weil die Beziehungen, welche durch dieses Polynom zwischen α und den rationalen Zahlen gestiftet werden, es erlauben, das Rechnen mit algebraischen Zahlen auf das Rechnen mit rationalen Zahlen zurückzuführen. So können wir z. B. das Rechnen mit den Zahlen

$$r + s\sqrt{2}$$

(r, s rational) übersehen, ohne $\sqrt{2}$ zu berechnen. Für die Summierung ist das trivial. Für das Produkt erhalten wir

$$(r + s\sqrt{2})(r' + s'\sqrt{2}) = r r' + s s'\sqrt{2}\sqrt{2} + (rs' + sr')\sqrt{2},$$

und weil $\sqrt{2}\sqrt{2} = 2$ ist, erkennen wir, daß das Ergebnis eine wohlbestimmte Zahl der Gestalt $r + s\sqrt{2}$ ist. Da man auch das Inverse einer Zahl $r + s\sqrt{2}$ durch Erweiterung mit $r - s\sqrt{2}$ in die Gestalt $r' + s'\sqrt{2}$ bringen kann, so erkennt man, daß die Gesamtheit dieser Zahlen einen Körper bildet, dessen Rechengesetze wir beherrschen, ohne $\sqrt{2}$ zu berechnen.

Das Theorem, auf dem das Rechnen mit algebraischen Zahlen beruht, ist das folgende: *Zu jeder algebraischen Zahl α gibt es ein einziges Polynom* $p(x)$ *mit rationalen Koeffizienten* a_k *und höchstem Koeffizienten* $a_n = 1$, *für das* $p(\alpha) = 0$ *ist und das durch kein Polynom mit rationalen Koeffizienten von den Konstanten* a *und den konstanten Vielfachen* $a \cdot p(x)$ *abgesehen teilbar ist.* Da aus $f(x) = f_1(x) f_2(x)$ und $f(\alpha) = 0$ folgt, daß $f_1(\alpha) f_2(\alpha) = 0$ und also $f_1(\alpha) = 0$ oder $f_2(\alpha) = 0$ ist, so gibt es sicher ein Polynom $p(x)$ ohne echte Teiler mit $p(\alpha) = 0$. Aber die Frage ist, ob es nur ein einziges solches Polynom gibt. Der Beweis dafür ergibt sich mit Hilfe des *größten gemeinsamen Teilers von Polynomen.*

Zu zwei Polynomen $f(x)$, $g(x)$ gibt es einen größten gemeinsamen Teiler, das heißt ein Polynom $d(x)$, das einerseits sowohl Teiler von $f(x)$ wie von $g(x)$ ist und das sich andrerseits in der Gestalt

$$d(x) = k_0(x) f(x) + l_0(x) g(x)$$

darstellen läßt. Man erkennt sogleich, daß ein gemeinsamer Teiler $t(x)$ von $f(x)$ und $g(x)$ in $d(x)$ aufgeht. Denn ist

$$f(x) = t(x) f_1(x), \quad g(x) = t(x) g_1(x),$$

so ist

$$d(x) = [k_0(x) f_1(x) + l_0(x) g_1(x)]\, t(x),$$

und da nach Voraussetzung $d(x)$ selbst gemeinsamer Teiler von $f(x)$ und $g(x)$ ist, so ist $d(x)$ ein gemeinsamer Teiler größten Grades. Daraus folgt sogleich, daß zwei größte gemeinsame Teiler denselben Grad haben und sich nur durch einen Zahlenfaktor voneinander unterscheiden können. Sind $f(x)$ und $g(x)$ verschiedene Primpolynome, d. h. Polynome ohne echte Teiler, so ist ein größter gemeinsamer Teiler derselben eine von Null verschiedene rationale Zahl d_0. Denn nach Voraussetzung besitzen $f(x)$ und $g(x)$ ja außer Konstanten keine gemeinsamen Teiler. Daraus folgt aber sogleich, daß es nur *ein* Primpolynom $p(x)$ mit $p(\alpha) = 0$ geben kann. Wäre nämlich $p^*(x)$ ein zweites solches Polynom, so sei d_0^* ein größter gemeinsamer Teiler von $p(x)$ und $p^*(x)$. Dann gibt es eine Darstellung $d_0^* = k_0(x)\, p(x) + l_0(x)\, p^*(x)$ und setzen wir $x = \alpha$, so folgt ein Widerspruch, nämlich $d_0^* = 0$.

Um die Existenz eines größten gemeinsamen Teilers d(x) zweier Polynome f(x), g(x) nachzuweisen, betrachtet man die Gesamtheit $\mathfrak{M}$ der Polynome

$$k(x)\, f(x) + l(x)\, g(x)$$

und bezeichnet mit d(x) ein von Null verschiedenes Polynom niedrigsten Grades aus $\mathfrak{M}$. Dann ist d(x) ein Teiler aller Polynome von $\mathfrak{M}$ und daher insbesondere von f(x) und von g(x). Denn ist h(x) ein Polynom aus $\mathfrak{M}$, so hat es einen Grad, der größer oder gleich dem von d(x) ist, und durch Division erhalten wir

$$h(x) = q(x)\, d(x) + r(x),$$

wo r(x) der Rest der Division und also von geringerem Grade als d(x) ist. Da nun aber mit zwei Polynomen auch jede Linearkombination derselben in $\mathfrak{M}$ vorkommt, so gehört r(x) zu $\mathfrak{M}$ und ist also als ein Polynom niedrigeren Grades als d(x) aus $\mathfrak{M}$ gleich Null. Hat h(x) denselben Grad wie d(x), so ist q(x) gleich einer Konstanten und h(x) ist also bis auf einen konstanten Faktor gleich d(x). Aus den vorausgesetzten und den nachgewiesenen Eigenschaften von d(x) folgt, daß d(x) ein größter gemeinsamer Teiler von f(x) und g(x) ist.

Aus der Teilbarkeitstheorie der Polynome folgt nun ferner sogleich: *Hat das der algebraischen Zahl* α *zugeordnete Primpolynom* p(x) *mit rationalen Koeffizienten den Grad* n, *so sind alle Linearkombinationen*

$$r_0 + r_1\alpha + \cdots + r_{n-1}\,\alpha^{n-1}$$

mit rationalen Koeffizienten r_k *voneinander verschiedene Zahlen und die Gesamtheit dieser Zahlen ist ein Körper.*

Zum Beweis nehmen wir an, daß zwei dieser Ausdrücke dieselbe Zahl darstellen. Dann wäre ihre Differenz gleich Null und es gäbe also eine Linearkombination

$$s_0 + s_1\alpha + \cdots + s_{n-1}\,\alpha^{n-1} = 0.$$

Das ist aber unmöglich, denn das Polynom

$$h(x) = s_0 + s_1 x + \cdots + s_{n-1}\, x^{n-1}$$

hat einen geringeren Grad als p(x), und da $h(\alpha) = 0$ ist, so müßte es ein Primpolynom von geringerem Grade als n geben, das α als Nullstelle besitzt.

Die Summe zweier Linearkombinationen ist wieder eine solche Linearkombination. Das Produkt ergibt sich durch Ausmultiplizieren nach dem distributiven Gesetz zu

$$s_0' + s_1'\alpha + \cdots + s_{2n-2}'\,\alpha^{2n-2}.$$

Das entsprechende Polynom

$$h'(x) = s_0' + s_1'x + \cdots + s_{2n-2}' x^{2n-2}$$

werde nun durch p(x) geteilt,

$$h'(x) = q(x)\,p(x) + r(x).$$

Setzen wir $x = \alpha$, so folgt $h'(\alpha) = r(\alpha)$ und $r(\alpha)$ hat die gewünschte Gestalt. Um das Inverse von

$$r_0 + r_1\alpha + \cdots + r_{n-1}\,\alpha^{n-1}$$

zu finden, setzen wir jetzt

$$h(x) = r_0 + r_1 x + \cdots + r_{n-1}\,x^{n-1}$$

und beachten, daß der größte gemeinsame Teiler von h(x) und p(x) eine Konstante d_0 ist. Also gibt es zwei Polynome $k_0(x)$, $l_0(x)$ mit

$$d_0 = k_0(x)\,h(x) + l_0(x)\,p(x)$$

und daher ist $d_0 = k_0(\alpha)\,h(\alpha)$ und

$$\frac{1}{d_0}\,k_0(\alpha)$$

ist also die zu $h(\alpha)$ inverse Zahl. Man beachte, daß d_0 rational ist. Wir bilden das Polynom

$$\frac{1}{d_0}\,k_0(x)$$

und können wieder durch Division mit p(x) die gewünschte Darstellung erzielen.

Der vorgeführte Beweis, daß die Elemente $r_0 + r_1\alpha + \cdots + r_{n-1}\alpha^{n-1}$ einen Körper bilden, enthält zugleich die Anweisung, wie mit diesen Elementen zu rechnen ist, und man sieht, daß diese besonderen Rechenregeln auf der Division von beliebigen Polynomen mit rationalen Koeffizienten durch p(x) beruhen. Die Gesamtheit der angegebenen Elemente ist der kleinste Körper, in welchem die Zahl α vorkommt. Jeder Körper reeller Zahlen enthält nämlich die Zahl 1 und folglich alle natürlichen und alle rationalen Zahlen. Ein Körper, der α enthält, enthält aber auch $\alpha^2, \alpha^3, \ldots, \alpha^{n-1}$ und daher alle Elemente der angegebenen Gestalt. Man bezeichnet diese Gesamtheit auch mit $\mathfrak{R}(\alpha)$, wo $\mathfrak{R}$ den Körper der rationalen Zahlen bedeutet. Man sagt, $\mathfrak{R}(\alpha)$ entstehe durch die Adjunktion von α aus $\mathfrak{R}$. Der Körper $\mathfrak{R}$ ist eine Teilmenge von $\mathfrak{R}(\alpha)$ und zwar ein Unterkörper, d. h. eine Teilmenge eines Körpers, die selbst ein Körper ist.

Da die Beweise der beiden Sätze über algebraische Zahlen nur auf den rationalen Rechenprozessen mit ganzen rationalen Funktionen, deren Koeffizienten rationale Zahlen sind, beruhen und diese Rechenoperationen mit Hilfe der Koeffizienten der Polynome ausgeführt werden und nur auf rationalen Rechenoperationen mit diesen Koeffizienten beruhen, so erkennt man, daß sich ähnliche Definitionen und Sätze aufstellen lassen, wenn man an Stelle der rationalen Zahlen die Zahlen irgend eines anderen Körpers $\mathfrak{G}$ reeller Zahlen „als Grundkörper" nimmt. Man nennt alle diejenigen reellen oder komplexen Zahlen algebraische Zahlen bezüglich $\mathfrak{G}$, für welche es ein Polynom f (x) mit Koeffizienten aus $\mathfrak{G}$ gibt, für das $f(\alpha) = 0$ ist. Dann gibt es wieder zu jeder bezüglich $\mathfrak{G}$ algebraischen Zahl α ein einziges Polynom p(x) mit Koeffizienten aus $\mathfrak{G}$ und höchstem Koeffizienten $a_n = 1$, für das $p(\alpha) = 0$ ist und das durch kein Polynom mit Koeffizienten aus $\mathfrak{G}$ außer Konstanten und konstanten Vielfachen $a \cdot p(x)$ teilbar ist. Und ferner gilt: Hat das der bezüglich $\mathfrak{G}$ algebraischen Zahl α zugeordnete Primpolynom p(x) den Grad n, so sind alle Linearkombinationen $\varrho_0 + \varrho_1 \alpha + \cdots + \varrho_{n-1} \alpha^{n-1}$ mit Koeffizienten ϱ aus $\mathfrak{G}$ voneinander verschiedene Zahlen und die Gesamtheit dieser Zahlen ist ein Körper. Man bezeichnet die Gesamtheit dieser Zahlen mit $\mathfrak{G}(\alpha)$ und sagt, sie entstehe durch Adjunktion von α zu $\mathfrak{G}$. Der Körper $\mathfrak{G}$ ist ein Unterkörper von $\mathfrak{G}(\alpha)$. Bei der Verwendung dieser Verallgemeinerungen ist es wichtig, die Abhängigkeit des Begriffes Primpolynom vom Grundkörper zu beachten. Das Polynom $x^2 - 2$ ist ein Primpolynom bezüglich des Körpers der rationalen Zahlen, während es im Körper der Elemente $r + s\sqrt{2}$ in Linearfaktoren zerfällt. Der größte gemeinsame Teiler ist dagegen bis auf einen konstanten Faktor unabhängig von der Auswahl des Grundkörpers.

* * *

Die Verallgemeinerung der Adjunktion von Zahlen erlaubt uns eine Iteration dieses Prozesses, durch den wir ein zahlentheoretisches Äquivalent für die Iteration der geometrischen Konstruktionsschritte bekommen, die wir zahlentheoretisch untersuchen wollen. Daraus erhellt, daß es im weiteren vor allem darauf ankommen wird, die bei einer solchen Iteration entstehenden Körper näher kennenzulernen. Unter einer Adjunktionsfolge verstehen wir eine endliche Folge von Körpern $\mathfrak{R}, \mathfrak{K}_1, \mathfrak{K}_2, \ldots, \mathfrak{K}_m$ und Zahlen $\alpha_1, \alpha_2, \ldots, \alpha_m$, so daß

$$\mathfrak{K}_1 = \mathfrak{R}(\alpha_1), \quad \mathfrak{K}_2 = \mathfrak{K}_1(\alpha_2), \ldots, \mathfrak{K}_m = \mathfrak{K}_{m-1}(\alpha_m)$$

ist. Dabei sei α_k algebraisch bezüglich $\mathfrak{K}_{k-1}$ und α_1 algebraisch bezüglich $\mathfrak{R}$. Es sei nun eine Folge elementarer Konstruktionsschritte in der Ebene gegeben, bei der nacheinander beginnend mit dem Ursprung und den Einheitspunkten des Koordinatensystems die Punkte $P_1, P_2, \ldots, P_n$ konstruiert werden. Es werde nun sukzessive den Punkten $P_1, \ldots, P_j$ ein Körper $\mathfrak{K}^j$ $(j = 1, 2, \ldots, n)$ zugeordnet, und zwar entstehe $\mathfrak{K}^j$ aus $\mathfrak{K}^{j-1}$ durch Adjunktion einer Koordinate von P_j, falls eine dieser Koordinaten nicht in $\mathfrak{K}^{j-1}$ enthalten ist, andernfalls sei $\mathfrak{K}^j = \mathfrak{K}^{j-1}$. Eine Adjunktion erfolgt nur dann, wenn P_j mit dem Zirkel konstruiert wird und bei der Berechnung der zugehörigen Koordinaten eine quadratische Gleichung zu lösen ist. Die Adjunktion einer Koordinate der Gestalt $\alpha + \sqrt{\beta}$ kann durch Adjunktion von $\sqrt{\beta}$ ersetzt werden und es liegt dann auch immer die zweite Koordinate des Punktes in dem so entstehenden Körper. Der Körper $\mathfrak{K}^j$ enthält daher die Koordinaten aller Punkte $P_1, \ldots, P_j$. Durch Streichung gleicher Körper $\mathfrak{K}^{j-1}$, $\mathfrak{K}^j$ entsteht als Äquivalent der Konstruktionsschritte eine Adjunktionsfolge $\mathfrak{R}$, $\mathfrak{K}_1, \ldots, \mathfrak{K}_m$ mit Zahlen $\alpha_1, \ldots, \alpha_m$, bei denen $\alpha_k = \sqrt{\beta_k}$ ist und β_k ein Element aus $\mathfrak{K}_{k-1}$, β_1 ein Element aus $\mathfrak{R}$ ist. Der Körper $\mathfrak{K}_m$ entsteht aus $\mathfrak{R}$ also kurz gesagt durch eine Folge von Adjunktionen von Quadratwurzeln. Die in $\mathfrak{K}_m$ enthaltenen Zahlen lassen sich durch Quadratwurzelziehen von den rationalen Zahlen aus erreichen. Wir nennen sie daher *euklidisch erreichbar* oder kurz erreichbar und formulieren mit diesem Begriff das Kriterium der Konstruierbarkeit nun genauer so: *Ein Punkt ist dann und nur dann von Punkten mit rationalen Koordinaten aus mit Zirkel und Lineal konstruierbar, wenn die Koordinaten des Punktes euklidisch erreichbar sind.*

Man überzeugt sich übrigens leicht, daß die erreichbaren Zahlen einen Körper bilden. Sind α, β erreichbar, so gibt es auch eine Folge von Adjunktionen von Quadratwurzeln, die zu einem Körper führt, der α und β gleichzeitig enthält. Also ist Summe und Produkt erreichbarer Zahlen wieder erreichbar. Nun ist auch $\sqrt{\alpha}$ erreichbar, wenn α erreichbar und positiv ist, und so folgt weiter, daß die erreichbaren Zahlen einen Euklidischen Körper bilden. Da ein beliebiger Euklidischer Körper immer den Körper $\mathfrak{R}$ enthält, so enthält er auch sämtliche erreichbaren Zahlen. *Der Körper der erreichbaren Zahlen ist also der kleinste Euklidische Körper.*

Nunmehr können wir das Delische Problem — so wird das Problem der Würfelverdopplung genannt, weil es mit der Verdopplung eines Altars von Würfelgestalt in Delos in Zusammenhang gebracht wird — in ein äquivalentes zahlentheoretisches Problem übersetzen. Das Delische Problem stellt uns vor die Frage, ob sich die Seite eines Würfels vom Rauminhalt 2 aus der Seite eines Würfels vom Rauminhalt 1 mit Zirkel und Lineal konstruieren läßt.

Die gesuchte Seite hat die Länge $\sqrt[3]{2}$, und der Nachweis, daß sich die Verdopplung des Würfels nicht mit Zirkel und Lineal bewerkstelligen läßt, ist erbracht, wenn wir zeigen:

Die Zahl $\sqrt[3]{2}$ ist nicht euklidisch erreichbar.

Nun genügt die Zahl $\sqrt[3]{2}$ der Gleichung $x^3 - 2 = 0$ und $x^3 - 2$ ist ein Primpolynom mit rationalen Koeffizienten. Denn wäre $x^3 - 2$ nicht ein Primpolynom, so besäße es entweder zwei oder drei Faktoren mit rationalen Koeffizienten, also wenigstens einen Faktor ersten Grades mit rationalen Koeffizienten und es gäbe daher eine rationale Lösung m/n der Gleichung $x^3 - 2 = 0$. Alsdann müßte $m^3 = 2n^3$ sein und es folgt wie bei dem bekannten Nachweis, daß $\sqrt{2}$ irrational ist, daß sowohl m wie n gerade sein müßten, im Widerspruch zu der Möglichkeit, daß wir m/n als gekürzten Bruch voraussetzen dürfen.

Daß die Zahl $\sqrt[3]{2}$ nicht erreichbar ist, wird daher bewiesen sein, wenn wir das folgende allgemeinere Theorem beweisen: *Ist α eine euklidisch erreichbare algebraische Zahl, so ist der Grad des Primpolynoms* $p(x)$ *mit rationalen Koeffizienten und mit* $p(\alpha) = 0$ *eine Potenz von Zwei.*

* * *

Zum Beweis dieses Theorems führt die Klärung der Bedeutung des Grades eines Primpolynoms für den Körper, der durch Adjunktion eines α mit $p(\alpha) = 0$ entsteht. Es ist ja möglich, daß bei Adjunktion verschiedener Zahlen derselbe Körper entsteht. Zum Beispiel ist $\mathfrak{R}(\sqrt{2}) = \mathfrak{R}(r + s\sqrt{2})$, falls r, s rational sind. Und es ist eine Frage, ob der Grad der Primpolynome von α und β derselbe ist, wenn durch Adjunktion von α bzw. β derselbe Körper entsteht. Um das als richtig einzusehen, definieren wir den *Grad eines Körpers $\mathfrak{K}$ über dem Grundkörper $\mathfrak{G}$*, und zwar als die Minimalanzahl von Zahlen aus $\mathfrak{K}$, aus deren Linearkombinationen mit Koeffizienten aus $\mathfrak{G}$ sich alle Zahlen von $\mathfrak{K}$ auf eine und nur eine Weise darstellen lassen.

Ein System von Zahlen $\alpha_1, \alpha_2, \ldots, \alpha_n$ aus $\mathfrak{K}$ heißt eine Basis von $\mathfrak{K}$ bezüglich $\mathfrak{G}$, wenn sich jede Zahl aus $\mathfrak{K}$ auf eine und nur eine Weise als Linearkombination

$$\varrho_1\alpha_1 + \varrho_2\alpha_2 + \cdots + \varrho_n\alpha_n$$

mit Koeffizienten ϱ aus $\mathfrak{G}$ darstellen läßt. Wir wollen zeigen: *Die Anzahl der Elemente einer Basis von $\mathfrak{K}$ über $\mathfrak{G}$ ist immer dieselbe und daher gleich dem Grad von $\mathfrak{K}$ über $\mathfrak{G}$.*

Der Beweis ergibt sich aus folgendem Hilfssatz: Gibt es in $\mathfrak{K}$ eine Basis von n Elementen, so sind je $n+1$ Zahlen $\beta_0, \beta_1, \ldots, \beta_n$ aus $\mathfrak{K}$ linear abhängig bezüglich $\mathfrak{G}$, d. h. es gibt Zahlen $\sigma_0, \sigma_1, \ldots, \sigma_n$ aus $\mathfrak{G}$, so daß

$$\sigma_0\beta_0 + \sigma_1\beta_1 + \cdots + \sigma_n\beta_n = 0$$

ist, ohne daß alle $\sigma_k = 0$ sind. Ist nämlich

$$\beta_0 = \varrho_{01}\alpha_1 + \varrho_{02}\alpha_2 + \cdots + \varrho_{0n}\alpha_n$$
$$\beta_1 = \varrho_{11}\alpha_1 + \varrho_{12}\alpha_2 + \cdots + \varrho_{1n}\alpha_n$$
$$\cdots$$
$$\beta_n = \varrho_{n1}\alpha_1 + \varrho_{n2}\alpha_2 + \cdots + \varrho_{nn}\alpha_n$$

die Darstellung der β_k aus der Basis α_i und

$$\tau_1 = \sigma_0\varrho_{01} + \sigma_1\varrho_{11} + \cdots + \sigma_n\varrho_{n1}$$
$$\tau_2 = \sigma_0\varrho_{02} + \sigma_1\varrho_{12} + \cdots + \sigma_n\varrho_{n2}$$
$$\cdots$$
$$\tau_n = \sigma_0\varrho_{0n} + \sigma_1\varrho_{1n} + \cdots + \sigma_n\varrho_{nn},$$

so lassen sich nach den Sätzen über lineare Gleichungen, die ja nur auf den rationalen Rechenprozessen beruhen und in allen Körpern gelten, die σ_k so bestimmen, daß sie einerseits nicht alle gleich Null, daß aber die τ_j sämtlich gleich Null sind. Denn die Anzahl der Unbekannten σ_k ist um eins größer als die Anzahl der Gleichungen. Bilden wir für diese σ_k

$$\sigma_0\beta_0 + \sigma_1\beta_1 + \cdots + \sigma_n\beta_n$$

und ersetzen darin die β_k durch ihre Darstellung aus den α_i, so folgt durch Zusammenfassung der Koeffizienten der α_i, daß

$$\sigma_0\beta_0 + \sigma_1\beta_1 + \cdots + \sigma_n\beta_n = 0$$

ist. Damit ist der Hilfssatz bewiesen.

Gäbe es nun eine Basis $\alpha_1', \alpha_2', \ldots, \alpha'_{n'}$ mit $n' < n$, so wären nach dem Hilfssatz die Elemente $\alpha_1, \alpha_2, \ldots, \alpha_n$ linear abhängig. Daher ist die Anzahl der Basiselemente immer dieselbe.

Insbesondere ist der Grad von $\mathfrak{G}(\alpha)$ gleich dem Grad des Primpolynoms von α, denn $1, \alpha, \ldots, \alpha^{n-1}$ ist ja eine Basis von $\mathfrak{G}(\alpha)$ über $\mathfrak{G}$. Weiter folgt: Ist der Grad von $\mathfrak{K}$ über $\mathfrak{G}$ gleich n, so sind die Zahlen aus $\mathfrak{K}$ algebraische Zahlen über $\mathfrak{G}$ und der Grad ihres Primpolynoms ist kleiner oder gleich n.

Denn ist α eine Zahl aus $\mathfrak{K}$, so sind die Zahlen $1, \alpha, \alpha^2, \ldots, \alpha^n$ linear abhängig, d. h. es gibt Zahlen σ_k aus $\mathfrak{G}$, so daß

$$\sigma_0 + \sigma_1\alpha + \cdots + \sigma_n\alpha^n = 0$$

ist, und

$$\sigma_0 + \sigma_1 x + \cdots + \sigma_n x^n$$

ist daher ein Polynom mit Koeffizienten aus $\mathfrak{G}$, dem α genügt.

Den Kern des Beweises unseres Theorems bildet nun der folgende Satz über den Grad von Körpern:

Sind $\mathfrak{G}$, $\mathfrak{K}_1$, $\mathfrak{K}_2$ drei Körper und ist $\mathfrak{G}$ in $\mathfrak{K}_1$ und $\mathfrak{K}_1$ in $\mathfrak{K}_2$ enthalten und ist $\alpha_1, \alpha_2, \ldots, \alpha_m$ eine Basis von $\mathfrak{K}_1$ über $\mathfrak{G}$ und ist $\beta_1, \beta_2, \ldots, \beta_n$ eine Basis von $\mathfrak{K}_2$ über $\mathfrak{K}_1$, so ist $\alpha_1\beta_1, \alpha_1\beta_2, \ldots, \alpha_1\beta_n, \alpha_2\beta_1, \alpha_2\beta_2, \ldots, \alpha_2\beta_n, \ldots, \alpha_m\beta_1, \alpha_m\beta_2, \ldots, \alpha_m\beta_n$ eine Basis von $\mathfrak{K}_2$ bezüglich $\mathfrak{G}$. Der Grad von $\mathfrak{K}_2$ bezüglich $\mathfrak{G}$ ist daher gleich dem Produkt des Grades von $\mathfrak{K}_2$ bezüglich $\mathfrak{K}_1$ und des Grades von $\mathfrak{K}_1$ bezüglich $\mathfrak{G}$.

Der Beweis ist einfach. Einerseits läßt sich nämlich jede Zahl δ des Körpers $\mathfrak{K}_2$ aus den $\alpha_i\beta_k$ mit Koeffizienten ϱ_{ik} aus $\mathfrak{G}$ linear kombinieren. Denn δ läßt sich ja aus den β_k mit Koeffizienten γ_k aus $\mathfrak{K}_1$ als

$$\delta = \gamma_1\beta_1 + \gamma_2\beta_2 + \cdots + \gamma_n\beta_n$$

darstellen, weil die β_k eine Basis von $\mathfrak{K}_2$ bezüglich $\mathfrak{K}_1$ sind, und die γ_j lassen sich aus den α_i mit Koeffizienten ϱ_{ji} aus $\mathfrak{G}$ darstellen,

$$\gamma_j = \varrho_{j1}\alpha_1 + \varrho_{j2}\alpha_2 + \cdots + \varrho_{jm}\alpha_m,$$

weil die α_i eine Basis von $\mathfrak{K}_1$ bezüglich $\mathfrak{G}$ sind, und setzt man die Darstellung der γ_j durch die α_i in die Darstellung von δ durch die β_k ein, so erhält man eine Darstellung von δ als Linearkombination der $\alpha_i\beta_k$ mit Koeffizienten aus $\mathfrak{G}$. Andrerseits sind die $\alpha_i\beta_k$ linear unabhängig. Sind nämlich ϱ_{ik} Zahlen aus $\mathfrak{G}$ und ist

$$\varrho_{11}\alpha_1\beta_1 + \varrho_{21}\alpha_1\beta_2 + \cdots + \varrho_{nm}\alpha_m\beta_n = 0,$$

so bilden wir die Linearkombinationen

$$\gamma_j = \varrho_{j1}\alpha_1 + \varrho_{j2}\alpha_2 + \cdots + \varrho_{jm}\alpha_m.$$

Das sind n Elemente aus $\mathfrak{K}_1$, für die

$$\gamma_1\beta_1 + \gamma_2\beta_2 + \cdots + \gamma_n\beta_n = 0$$

ist. Dann folgt aber, daß alle $\gamma_j = 0$ sind, weil die β_k linear unabhängig bezüglich $\mathfrak{K}_1$ sind, und daraus folgt, daß alle $\varrho_{ik} = 0$ sind, weil die α_i linear unabhängig bezüglich $\mathfrak{G}$ sind. Damit ist der Satz bewiesen.

Wir können nunmehr aus dem Grad eines Körpers auf den Grad der Primpolynome der Zahlen des Körpers schließen. Hat $\mathfrak{K}$ den Grad n bezüglich $\mathfrak{G}$, und ist α eine Zahl aus $\mathfrak{K}$, so ist der Grad von $\mathfrak{G}(\alpha)$ und somit der Grad des zu α gehörigen Primpolynoms mit Koeffizienten aus $\mathfrak{G}$ ein Teiler des Grades von $\mathfrak{K}$. Denn $\mathfrak{G}(\alpha)$ ist ein in $\mathfrak{K}$ enthaltener

Körper. Ist $\alpha_1, \alpha_2, \ldots, \alpha_n$ eine Basis von $\mathfrak{K}$ bezüglich $\mathfrak{G}$, so lassen sich gewiß aus den α_k auch alle Zahlen von $\mathfrak{K}$ mit Koeffizienten aus $\mathfrak{G}(\alpha)$ gewinnen und $\mathfrak{K}$ hat also einen endlichen Grad über $\mathfrak{G}(\alpha)$. Alsdann ist aber der Grad von $\mathfrak{G}(\alpha)$ über $\mathfrak{G}$ multipliziert mit dem Grad von $\mathfrak{K}$ über $\mathfrak{G}(\alpha)$ gleich dem Grad von $\mathfrak{K}$ über $\mathfrak{G}$ und der Grad von $\mathfrak{G}(\alpha)$ über $\mathfrak{G}$ also ein Teiler von n.

So ausgerüstet kehren wir zu den euklidisch erreichbaren Zahlen und ihren Adjunktionsfolgen $\mathfrak{R}, \mathfrak{K}_1, \ldots, \mathfrak{K}_m$ zurück. Da $\mathfrak{K}_1$ den Grad 2 über $\mathfrak{R}$ hat und $\mathfrak{K}_2$ den Grad 2 über $\mathfrak{K}_1$, so folgt, daß $\mathfrak{K}_2$ den Grad 4 über $\mathfrak{R}$, $\mathfrak{K}_3$ den Grad 8 über $\mathfrak{R}$ und allgemein $\mathfrak{K}_m$ den Grad 2^m über $\mathfrak{R}$ hat. Also ist der Grad des Primpolynoms einer euklidisch erreichbaren Zahl mit rationalen Koeffizienten eine Potenz von Zwei.

* * *

Die Konstruierbarkeit der Winkeldreiteilung widerlegen wir durch den Nachweis, daß sich das regelmäßige Neuneck, dessen Winkel durch Dreiteilung des Winkels von 120 Grad hervorgeht, nicht mit Zirkel und Lineal konstruieren läßt. Sind $P_0, P_1, \ldots, P_8$ die Ecken des regelmäßigen Neunecks auf dem Einheitskreis um den Ursprung des Koordinatensystems, dessen Ecke P_0 in den Einheitspunkt der x-Achse fällt, und ξ, η die Koordinaten von P_1, so ist

$$\xi = \cos\frac{2\pi}{9}, \quad \eta = \sin\frac{2\pi}{9},$$

und bilden wir die komplexe Zahl $\zeta = \xi + i\eta$, so ist $|\zeta| = 1$, und nach den Regeln der Multiplikation für komplexe Zahlen sind $\zeta^2, \zeta^3, \ldots, \zeta^8$ die komplexen Koordinaten von $P_2, P_3, \ldots, P_8$. Da $\zeta^9 = 1$ ist, genügen ζ und die Potenzen von ζ der Gleichung $x^9 - 1 = 0$. Man bestätigt, daß $(x^9 - 1) = (x^3 - 1)(x^6 + x^3 + 1)$ ist. Die Wurzeln von $x^3 - 1$ sind die Koordinaten von P_0, P_3 und P_6, die ein gleichseitiges Dreieck bilden, also 1, ζ^3 und ζ^6. Daher sind die Wurzeln von $x^6 + x^3 + 1$ die übrigen Potenzen $\zeta, \zeta^2, \zeta^4, \zeta^5, \zeta^7, \zeta^8$ oder unter Beachtung von $\zeta^9 = 1$ anders geschrieben $\zeta, \zeta^{-1}, \zeta^2, \zeta^{-2}, \zeta^4, \zeta^{-4}$. Offenbar sind

$$\zeta + \zeta^{-1} = -a, \; \zeta^2 + \zeta^{-2} = -b, \; \zeta^4 + \zeta^{-4} = -c$$

reelle Zahlen, weil die Summanden konjugierte komplexe Zahlen sind. Es ist

$$(x - \zeta)\,(x - \zeta^{-1}) = x^2 + ax + 1\,,$$

$$(x - \zeta^2)\,(x - \zeta^{-2}) = x^2 + bx + 1\,,$$

$$(x - \zeta^4)\,(x - \zeta^{-4}) = x^2 + cx + 1\,,$$

und weil

$$x^6 + x^3 + 1 = (x - \zeta)(x - \zeta^{-1})(x - \zeta^2)(x - \zeta^{-2})(x - \zeta^4)(x - \zeta^{-4})$$

ist[1], so ist

$$x^6 + x^3 + 1 = (x^2 + ax + 1)(x^2 + bx + 1)(x^2 + cx + 1).$$

Daraus folgt durch Ausmultiplizieren und Koeffizientenvergleichung

$$a + b + c = 0, \quad 3 + ab + ac + bc = 0,$$

$$2(a + b + c) + abc = 1.$$

Aus diesen Gleichungen folgt nun, daß a, b, c nicht rationale Zahlen sind. Eliminieren wir nämlich etwa b und c so ergibt sich für a die Gleichung

$$-a^3 + 3a + 1 = 0.$$

Wäre a rational, $a = m/n$, so müßte

$$m^3 - 3mn^2 = n^3$$

sein. Das ist aber nicht möglich, denn wir können die ganzen Zahlen m, n als teilerfremd voraussetzen, während nach dieser Gleichung jede Primzahl, die in m aufgeht, auch in n aufgehen muß.

Es folgt nun leicht, daß das Polynom $x^6 + x^3 + 1$ ein Primpolynom mit rationalen Koeffizienten ist. Denn es besitzt keinen Faktor ersten Grades mit rationalen Koeffizienten, weil seine sämtlichen Wurzeln komplex sind. Es besitzt keinen Faktor dritten Grades mit rationalen Koeffizienten, weil ein Polynom mit reellen Koeffizienten mit jeder komplexen Wurzel auch die zu dieser Wurzel konjugiert komplexe Zahl als Wurzel besitzt und also ein Polynom mit reellen Koeffizienten, das nur komplexe Wurzeln besitzt, einen Grad, der ein Vielfaches von 2 ist, besitzt. Unsere Rechnung zeigte, daß $x^6 + x^3 + 1$ keinen Faktor zweiten Grades und also auch keinen Faktor vierten Grades besitzt. Also hat der Körper $\mathfrak{R}(\zeta)$ den Grad 6.

Daraus folgt aber, daß ξ, η nicht euklidisch erreichbar sind. Denn ist $\mathfrak{K}$ ein Körper vom Grade 2^k, der ξ, η und nur reelle Zahlen enthält, so ist der Körper $\mathfrak{K}(i)$ vom Grade 2^{k+1} und da $\mathfrak{K}(i)$ die Zahl $\zeta = \xi + i\eta$ enthält, müßte der Grad des Primpolynoms mit rationalen Koeffizienten für ζ eine Potenz von 2 sein.

* * *

[1] Denn ein Polynom $f(x)$ mit $f(\alpha) = 0$ ist durch $x - \alpha$ teilbar und ein Polynom vom Grad n mit höchstem Koeffizienten 1 und n verschiedenen Wurzeln $\alpha_1, \alpha_2, \ldots, \alpha_n$ ist gleich $(x - \alpha_1)(x - \alpha_2) \ldots (x - \alpha_n)$.

Die mit Zirkel und Lineal konstruierbaren Vielecke lassen sich leicht charakterisieren: Sind $p_1, p_2, \ldots, p_\nu$ die verschiedenen in der Eckenanzahl n aufgehenden ungeraden Primzahlen, so ist $n = 2^k p_1 p_2 \ldots p_\nu$ und jede dieser Primzahlen besitzt eine Darstellung der Form $p = 2^j + 1$. Und umgekehrt ist jedes Vieleck, dessen Eckenanzahl diese zahlentheoretische Bedingung erfüllt, konstruierbar. Aber der Beweis erfordert neuartige Hilfsmittel. Handelt es sich doch nun darum, die dargestellten notwendigen Bedingungen dafür, daß eine Zahl euklidisch erreichbar ist, durch hinreichende Bedingungen zu ergänzen. Die feineren algebraischen Beziehungen, die dabei ins Spiel kommen, zeigen sich an Zahlkörpern, die man erhält, wenn man die sämtlichen Nullstellen eines Primpolynoms adjungiert und so den zum Polynom gehörigen „Galois-Körper" bildet. Galois-Körper besitzen eine Galois-Gruppe und mit dieser Gruppe gelingt dann die Beschreibung der Prozesse, die zur Charakterisierung der Nullstellen führen. Ein Ergebnis dieser Theorie ist der Satz von ABEL über solche Zahlen, die sich durch eine Folge von Adjunktionen von Wurzeln im Sinne des Wurzelziehens (Quadratwurzeln, dritte Wurzeln usw.) erreichbar sind. Die Galoissche Gruppe des zu einer so erreichbaren Zahl gehörigen Primpolynoms oder genauer des zu diesem Primpolynom gehörigen Galois-Körpers ist eine Abelsche Gruppe und ein Galois-Körper mit Abelscher Galoisgruppe ist durch Wurzelziehen erreichbar. Die Bedeutung der Konstruktion des Siebzehnecks liegt in der Entdeckung dieser algebraischen Zusammenhänge an den Kreisteilungsgleichungen, die den regelmäßigen Vielecken entsprechen, vor Ausbildung der Galoisschen Theorie, die sich auf beliebige Polynome bezieht. — Die Quadratur des Kreises ist erst später von LINDEMANN als unmöglich nachgewiesen durch das Theorem, daß der Umfang des Einheitskreises keine algebraische Zahl und also erst recht keine euklidisch erreichbare Zahl ist.

Obgleich die Bewältigung der aus der Antike überlieferten Aufgaben ohne Ablösung des Zahlbegriffs aus dem Größenbegriff und aus der Geometrie nicht denkbar ist und diese Ablösung es gerade ist, die die neuere Mathematik von der antiken wesentlich unterscheidet, sind wir doch erst auf Grund der dargelegten Beziehungen zwischen Geometrie und Zahlentheorie imstande, die Gedanken, welche die Entdeckung der Inkommensurabilität der Seite eines Quadrates zu seiner Diagonalen wachrief, ganz zu würdigen. Das Verdienst, das PLATON dem THEÄTET zuschreibt, ist ja die Klassifikation der Seiten der Quadrate mit ganzzahligem Inhalt. Die Größen dieser Seiten sind durch die Zahlen n, die den Inhalt des Quadrats messen, festgelegt. Sie sind zur Einheitsstrecke kommensurabel oder nicht, je nachdem n eine Quadratzahl ist oder nicht. Aber auch wenn sie inkommensurabel sind, werden sie der Messung durch Messung des Quadrates zugänglich. Mit anderen Worten werden diese Größen wie $\sqrt{n}$ mit Hilfe der Gleichung $x^2 = n$ charakterisiert und somit schon im Prinzip als algebraische Gebilde konzipiert. Dem Inhalt von Buch X der Elemente EUKLIDS, das THEÄTET zugeschrieben wird, kann man ebenfalls nur dann gerecht werden, wenn man bemerkt, daß die dort aus zweimaligem Quadratwurzelziehen aufgebauten Größen durch die ganzen Zahlen, die ihnen zugeordnet sind, charakterisiert werden. Das kommt einer Kennzeichnung dieser Größen als algebraische Zahlen gleich und der Sache nach bedurfte es nur der Ablösung des Zahlbegriffs aus der Geometrie, um von den antiken Erkenntnissen aus zu dem Begriff der algebraischen Zahlen vorzudringen: sobald sich diese Ablösung vollzieht, verwandeln sich zugleich die geometrischen Eigenschaften konstruierbarer Größen in Eigenschaften von Zahlen, die nicht anders als besondere algebraische Eigenschaften gefaßt werden können. Damit ist der Weg einerseits zur Bestimmung von Zahlen durch algebraische Gleichungen mit rationalen Koeffizienten wie andererseits zur Kennzeichnung der mit Zirkel und Lineal konstruierbaren Größen gewiesen.

In der Theorie der irrationalen Größen tritt der Anteil des Denkens an der Mathematik der Antike besonders prägnant hervor. KEPLER nennt in seiner „Weltharmonie" die in Buch X EUKLIDS bestimmten Größen „scibile", wißbar, und betont dadurch ihren ausgezeichneten Charakter, der von der Anschauung der stetigen Strecke aus nicht zu erkennen ist. In der Tat ist die Existenz von Größen, die ohne natürliche Zahlen zu sein dieselbe Bestimmtheit wie natürliche Zahlen besitzen, nicht von der Anschauung aus, sondern nur durch reines strenges Denken zu begreifen. Das ist es, worauf auch PLATON verweist. Die Bedeutung, die PLATON der Mathematik beimaß, hängt mit dem Angelpunkt seiner Philosophie, der Umwendung von der Welt der Sinne zum Reich der Ideen, zusammen. Für diese philosophische Umwendung findet er eine Vorstufe in der Mathematik, weil zum Verständnis der Mathematik eine ähnliche Umwendung von Wahrnehmung und Anschauung zu Denken erforderlich ist.

X

PROLEGOMENA EINER KRITISCHEN PHILOSOPHIE[1]

Die Gedanken, die ich Ihnen vortragen möchte, habe ich unter etwas anderen Voraussetzungen in einer Reihe von Aufsätzen dargelegt, und ich freue mich, daß mir die Gelegenheit geboten wird, dieselben Gedanken noch einmal unter Umständen, die günstiger sind, vielleicht etwas klarer darzustellen. Die Aufgabe, die mir vorschwebte, hängt nämlich aufs engste mit dem Zweck dieses Kongresses „eine Konfrontation verschiedener Gesichtspunkte, die heute in der Philosophie der Wissenschaften eine Rolle spielen, herbeizuführen“ zusammen: sie entspringt aus der Frage nach der objektiven Möglichkeit einer solchen Konfrontation. Gewiß gibt es viele Situationen, für welche diese Frage beantwortet ist. Differierende Gesichtspunkte gibt es ja auch in wohl umrissenen Wissenschaften und daß sich z. B. in der Geometrie der algebraische und der synthetische Gesichtspunkt unterscheiden und übrigens mit beachtenswerten Ergebnissen vergleichen lassen, ist evident. Man könnte geradezu sagen: indem ein zusammenhängendes Gebiet intendierter Sachverhalte und Aussagen zu einer Wissenschaft wird, werden die einschlägigen Gesichtspunkte so eingeschränkt, daß ihre Vergleichung im Prinzip möglich ist. Und gewiß gibt es auch innerhalb der Philosophie und insbesondere in der Philosophie der Wissenschaften Gebiete, z. B. die mathematische Grundlagenforschung, die diesen Charakter der Wissenschaftlichkeit besitzen. Aber wenn die Einheit der Wissenschaft im ganzen ein Anliegen der Philosophie der Wissenschaften ist, so kann sie sich nicht schlicht als wissenschaftlich zu sicherndes Gebiet behaupten, ohne diese Behauptung zu begründen. Sie wird sich rüsten müssen, die Beziehung von exaktem Verstehen und von hermeneutischem Verstehen aufzuhellen, es sei denn, sie wolle die auf hermeneutischem Verstehen beruhende Geisteswissenschaft von vornherein aus der Einheit der Wissenschaft ausschließen. Und sobald sie sich zu diesem Vergleich im Ernst anschickt, gerät sie in das Kraftfeld und die Interessensphäre sowohl des Positivismus wie der Existenzphilosophie, welche sich beide ja dadurch konstituieren, daß sie die Verschiedenheit der exakten Methode und der hermeneutischen

[1] Vortrag, gehalten auf dem Kongreß des Internationalen Forums, Zürich 1954.

Intuition zu absoluter Entgegensetzung steigern und so der Vergleichung und möglichen Schlichtung entziehen. In der „Prolegomena einer kritischen Philosophie" betitelten Schrift[1] habe ich versucht, ein Refugium für den Denkenden zu beschreiben und zu befestigen, nur zu dem Zweck, um in Ruhe auch über radikale Zumutungen nachdenken zu dürfen. Es ist eine *Position,* die ich einnehme, nicht um gleich selbst einen Erkenntnisanspruch zu stellen, sondern um Erkenntnisansprüche kritisch zu prüfen, *die Position des analysierenden Denkens* also. Eine bescheidene Position, wie man sieht, praktisch selbst für *Mathematiker* unentbehrlich und darum vielleicht auch im Prinzip der Verteidigung wert und fähig. Jedenfalls aber ist wohl so viel deutlich, daß das Ziel, die Ergebnisse der Natur- und Geisteswissenschaften als Elemente eines Ganzen zu verstehen, nur dann zu erreichen ist, wenn es zuvor gelingt, eine Position, von der aus dies Ziel zu begreifen ist, zu finden und so zu befestigen, daß sie dem Positivismus und der Existenzphilosophie gegenüber standhalten kann.

Bemerken wir zu unserer Beruhigung, daß die Auseinandersetzung, die sich nicht vermeiden läßt, mit einem Anliegen zu tun hat, das seit langem bekannt und dessen Bedeutung anerkannt ist. Die viel beschrieene *Anarchie des philosophischen Schulstreits* hängt aufs engste mit der Nichtanerkennung des analysierenden Denkens als integrer Position zusammen. Was in einer objektivierten Wissenschaft als selbstverständlich gilt, weil objektive Ergebnisse zu Erörterung bereitgestellt sind, wird bei dem Entwurf einer Philosophie, die alles und also auch das analysierende Denken zu umfassen trachtet, zu einem Problem, aber merkwürdigerweise zu einem Problem, das nicht zur Erörterung freigegeben ist, weil das zu dem Anspruch auf Autonomie, den die Philosophierenden der neueren Zeit zu stellen sich gewöhnt haben, in Widerspruch steht. In einer solchen jeweiligen *Einschränkung des analysierenden Denkens* stimmen Positivismus und Existenzphilosophie überein und wenn ich einen Satz wie den folgenden ausspreche (und übrigens für eine spätere inhaltliche Bereinigung der inhaltlichen Beziehung der positivistischen und der existenzphilosophischen Lehre für maßgeblich halte), den Satz nämlich: „Die Bedeutung des Positivismus in der gegenwärtigen Lage der Philosophie zeigt sich an der Rolle, die er in dem sogenannten existenzphilosophischen Denken als Gegenposition spielt" — so werde ich mich alsbald rühmen dürfen, die Kämpfenden nicht nur konfrontiert, sondern in einem Punkt zur Übereinstimmung gebracht zu haben. Denn beide

[1] Teil II von „Geist und Wirklichkeit", Heidelberg 1953. Vgl. insbesondere den Abschnitt „Die Selbständigkeit des Denkens".

Lager können diesem Satz als einer Aussage des analysierenden Denkens, der wahr oder falsch sein möge, nicht einmal die Ehre antun, ihn für falsch zu erklären — er ist *sinnlos* für sie. Für die Existenzphilosophie etwa, weil ein in analysierendem Denken begründetes Urteil niemals das anwesende Wesen und das Ding das dingt zu erreichen und zu würdigen vermag, — und für den Positivismus, weil das anwesende Wesen und das Ding das dingt sinnlose Wortverbindungen sind und Existenzphilosophie nur ein Name für sinnlose Satzgruppen ist, ja schon, weil der Terminus Positivismus in den zu syntaktisch-semantischer Deutung zuzulassenden wissenschaftlichen Sätzen nicht vorgesehen und unser Satz also keiner positiven Untersuchung fähig ist. Ein Blick auf die Paradoxien, die aus der einfachen Aussage „der Satz ‚es schneit' ist wahr, wenn es schneit" bekanntlich entstehen[1], möge uns den Verzicht darauf zu bestehen, unser Satz solle doch wenigstens für falsch erklärt werden, erleichtern.

Die Paradoxien der Mengenlehre und der Logik sind durch ihre Objektivierung ein fruchtbarer Anlaß für mathematisch-logische Konstruktionen geworden. Die paradoxe Situation des Streits der Schulen in der Philosophie von heute dagegen ist stagniert. Eberhard Rogge hat sie in seinem Buch[2] *Axiomatik alles möglichen Philosophierens* mit axiomatischer Prägnanz als eine eristische Situation beschrieben, in der jede Diskussion über philosophische Grundeinstellungen notwendig leer ist, weil sie dank der erkenntnistheoretischen Anlage der Systeme je nur unter Voraussetzungen zugelassen wird, unter denen nur das je Gewollte beweisbar ist. Blicken wir in eine solche Situation von außen hinein, so ist es fast unbegreiflich, wie man so lange das gute Gewissen hat aufbringen können, eine solche Situation wie ein Schicksal hinzunehmen. Aber vermutlich ist tatsächlich Schicksal dabei im Spiele; denn wer fest auf einem Standpunkt verharrt, engt sein Gesichtsfeld ein und übt sich in einer bestimmten Weise des Sehens, die eine bestimmte Weise des Verstehens nach sich zieht. Und wenn nur *einer* der Standpunkte echt zu verstehen ist und die anderen im Schatten der Unverständlichkeit liegen, verliert die eristische Situation ihren paradoxen Charakter und gewinnt ein Gefälle, das sie in eine fast natürliche Landschaft verwandelt.

Das ist zwar kein objektives Argument, denn die logische Form der Diskussion wird objektiv durch die Einseitigkeit des Verstehens nicht

---

[1] Alfred Tarski, *Der Wahrheitsbegriff in den formalisierten Sprachen.* Das Paradox des Wahrheitsbegriffs hat eine merkliche Ähnlichkeit mit dem Russellschen Paradoxon, das auf S. 106 dargestellt ist.

[2] Meisenheim 1950.

verbessert. Aber die bisher nur eristisch-formal begriffene Dialektik verwandelt sich auch nun für uns in einen inhaltsvollen Gegensatz, und wir vermeinen den tieferen Grund der Stagnation in den eingeübten Grenzen des Verstehens zu erkennen, die in der Pflege der Eristik eine prinzipielle Verwendung und Verhärtung erfahren. Indem wir zu einer solchen Beobachtung durch analysierendes Denken kommen, erweitert sich unser „ich denke“ zu einem „*ich denke, ich verstehe*“. Ich kann nämlich, wie ich bemerke, im Zusammenhang vorgetragene *Gedanken* verstehen, *ohne zu ihrer Geltung Stellung zu nehmen*. Kurz ich kann *analysierend denken und verstehen*.

Mein Standort konkretisiert sich dadurch. Ich sehe nun einen Weg, der von diesem Standort zu dem hermeneutischen Verstehen führt, und ich könnte exaktes und hermeneutisches Verstehen vergleichen, ohne gleich in die Schlinge eines circulus vitiosus zu geraten, weil es sich vorläufig noch nicht um die Geltung von Sätzen handelt. Aber die Gegensätze bleiben auch in diesem Feld bestehen, weil das Verstehen sein eigenes Maß hat und weil zur Offenheit des analysierenden Verstehens ein Postulat gehört, das diese Offenheit beschirmt, das *Postulat* nämlich, *daß die vernünftige Auseinandersetzung die Integrität des analysierenden Verstehens anerkenne*. Auf Vernunft sich zu beziehen, hat seine Gefahren, aber der Gedanke, eine Quelle des Erkennens von Seiendem oder von Bedingungen a priori der Erfahrung zu postulieren, ist im Augenblick keine Versuchung für uns, und daraus, daß die Annahme einer solchen Quelle der Einsicht zu verwerfen ist, folgt nicht, daß alle Folgerungen, die man aus ihr gezogen hat und deswegen vernünftig nennt, auch zu verwerfen sind. Und es scheint mir nun in der Tat, daß die philosophische Diskussion in der Zeit der klassischen Philosophie, die sich unbefangen auf Vernunft bezog, vernünftiger geführt worden ist als heute und daß wir deswegen fragen sollten, ob wir nicht an der klassischen Philosophie im ganzen unsere eigenen Intentionen abklären sollten wenigstens soweit es sich um *vernünftiges Verstehen* handelt.

Unter dem Postulat der Vernunft betrachtet, zeigen sich neue allgemeine Züge des Positivismus und der Existenzphilosophie, die durchaus das Grundsätzliche betreffen und durch ihren Gegensatz zu unserem Postulat die grundsätzliche Bedeutung dieses Postulats bestätigen. Die beiden entgegengesetzten Lager werden nun ähnlich. Denn beide beharren auf einer besonderen Art des Verstehens zur Ermittlung des Wahren und benützen das Nichtverstehenkönnen als Argument. Beide schließen sich in einen Bezirk des Zulässigen ein, das nur zu verstehen ist, wenn es als das Zuzulassende anerkannt ist — nämlich entweder in das, was bei syntaktisch-semantischem Umgang mit Wissenschaft zu „zeigen" ist (und was zu zeigen ist, ist nicht zu sagen), oder in das, was nur nachdem die logischen Fesseln abgestreift sind, sich „vernehmen" und als wesentlich erfahren läßt. Beide haben ein Letztes erreicht — nämlich der Eine, sofern das Wissen für ihn keine Grenzen im Nichtzuwissenden hat, weil das Nichtzuwissende nur ein Schein ist, der Andere, sofern sich ihm im anwesenden Wesen das Sein, das alles Seiende umfaßt und auch die Geschichte des Denkens bestimmt, erschließt. Und beide verfestigen diese Endgültigkeit, indem sie sich aus dem vernünftigen Gespräch mit der klassischen Philosophie prinzipiell zurückziehen, der Eine weil er weiß, daß die Probleme der klassischen Philosophie nur Scheinprobleme sein können, der Andere weil er weiß, daß die ontologische Metaphysik ein Schicksal war, das seit dem neuen Hervorkommen des Seins nicht mehr zeitgemäß ist.

Wie können aber so disparate Vorstellungswelten ähnlich sein? Nun dank der Spiegelung in unserer eigenen Position. Die Ähnlichkeit beruht auf der ausschließlichen Entschiedenheit, die hier und dort dem Besitz der jeweiligen Erkenntnis zugesichert wird, und daß dies uns als ähnlich auffällt und uns berührt, liegt daran, daß *die Position des analysierenden Denkens und Verstehens*, wie sich nun herausstellt, relevant auch *für die Auffassung des Erkennens* ist. *Erkenntnis*, die von dieser Position aus erreichbar ist, wird *niemals endgültig der Kritik entzogen* und Erkenntnisbehauptungen von der Radikalität, wie sie in den beiden betrachteten Systemen gemacht werden, fallen uns auf, weil sie sich für uns schon durch die Unbedingtheit des Behauptens als fragwürdig erweisen. In Anerkennung der erkenntnistheoretischen Relevanz nenne ich die Position des analysierenden Denkens und Verstehens nunmehr *die Position der kritischen Vernunft*. Sie zeigt sich als die Position, die wir suchen. Denn durch Anerkennung der Maßgeblichkeit der kritischen Vernunft entsteht in der Philosophie dieselbe Freizügigkeit für die Konfrontation von Gesichtspunkten, wie sie in den wissenschaftlichen Gebieten dank der Objektivität der Wissenschaft besteht.

* * *

So können wir denn nun einigermaßen unbehelligt den Satz aussprechen, der bisher als sinnlos zurückgewiesen werden konnte, und die darin anhebende Konfrontation durchführen. Die Bedeutung des Positivismus in der gegenwärtigen Lage der Philosophie zeigt sich an der Rolle, die er in dem sogenannten existenzphilosophischen Denken als Gegenposition spielt, so sagten wir. Diese Bedeutung[1], so fahren wir fort, ist problematisch, und es wäre schon viel gewonnen, wenn es gelänge, daß darin eingeschlossene Problem herauszustellen und in die Mitte der Betrachtung zu rücken. Das ist unser Ziel.

Der strenge *Positivismus* gewinnt seine Position zur Begründung und Beurteilung von Erkenntnissen durch eine Aussonderung einfacher wahrer Sätze und er versteht sich selbst als positiv, insofern er gerade das Gewisse auszeichnet und benennend aufweist. Er vermeidet es, von Unbestimmtem zu sprechen, um diesen positiven Bezirk rein zu erhalten. Er setzt sich also von vornherein in Schranken, und zwar in so enge Schranken, daß er streng genommen nicht von Denken überhaupt reden und nicht einmal seine eigene Position als Position beschreiben kann. Die *Existenzphilosophie* dagegen beginnt mit einem Sprung, und zwar mit einem Sprung in die Ursprünglichkeit des Denkens. Diesem ursprünglichen Denken und nur ihm erschließt sich dann das echte, lebendige Verstehen und der Anblick des Umgreifenden, das auch den ursprünglich Denkenden mitumgreift und so das echte Denken als wahres Denken beherbergt. Die Ursprünglichkeit weiß infolgedessen zuerst vom Nichtursprünglichen, sie kommt zu sich durch einen Akt, der mit einer Gegensetzung und Bewertung verbunden ist, und sie ist gleich imstande, vom Denken überhaupt und von Standorten zu sprechen. So sieht dieses Denken denn auch den Positivismus als Position, es sieht die Schranken, in die sich der Positivismus gesetzt hat, um das Positive einzugrenzen, von außen als negative Schranken gegen das Ursprüngliche. Und das Positive gewinnt von außen gesehen nun neue Qualitäten, es erscheint als nichtursprünglich und nichtlebendig, und der Positivismus kann als von der Wahrheit a priori ausgeschlossen begriffen werden, weil er per definitionem nicht imstande ist, sich dem Umgreifenden zu eröffnen.

Gerade dieser Gedanke ist es, mit dem wir in HEIDEGGERS Aufsatz „Das Ding“[2] ermuntert werden, aus dem Bezirk des Krugs, der als physikalischer Krug den Wein nur als bloße Flüssigkeit enthalte, die nichts als der Aggregatzustand eines Stoffes[3] sei, herauszutreten und uns zu „andenkendem“ Denken um den Krug als „Ding das dingt“ „im

[1] Vgl. zum folgenden des Verfassers *Die Unsachlichkeit der Existenzphilosophie*, Heidelberg 1954, insbesondere S. 11 und 26.

[2] Vorträge und Aufsätze, Pfullingen 1954.

[3] Sic. Indessen ist eine Flüssigkeit nicht ein Aggregatzustand eines Stoffes, sondern ein Stoff in einem Aggregatzustand.

Geviert“ der „sich weltenden Welt“ „versammeln“ zu lassen. Gerade dieser Gedanke ist es, der als Beweis der Behauptung dient, daß der exakt Forschende nur das zuvor als meßbar Entworfene nachmessend in Erfahrung brächte. Aber es war auch derselbe Gedanke, der schon den Vater des hermeneutischen Verstehens, DILTHEY, bestochen hat. Die Frage nach dem Gegenstand des hermeneutischen Verstehens bei seiner Verwendung in der Geschichtswissenschaft findet nach DILTHEY ihre Antwort durch die Deutung dieses Verstehens als Erkennen von geistigem Sein, und die Meinung, daß es das Sein und Wesen selbst ist, was sich so erschließt, hat auch bei ihm ihren Grund in der Ursprünglichkeit des Aufgehens geistiger Sichten im Verstehen, die durch ihre einleuchtende innere Geschlossenheit sich unmittelbar zu erkennen geben und so sich als allem durch Hypothesen zu ermittelnden, der unmittelbaren Wahrnehmung entzogenen Naturwirklichem als wesentlich überlegen anzeigten. Mit dieser Deutung ist der Sprung in die Ursprünglichkeit als Quelle der Wesenseinsicht bereits vollzogen, wenngleich der Blick des Erkennenden in die vergangene Geschichte des Geistes gerichtet bleibt und der Erkennende sich vorläufig noch mit dem Glanz begnügt, den das Nacherleben dadurch erhält, daß es als Erkenntnis von Wesen aufgefaßt wird.

Was haben wir kritisch dazu zu sagen? Eines tritt ja mit Evidenz hervor: daß die im nacherlebenden Verstehen aufgehenden geistigen Eigenschaften von Dingen nicht die logisch-formale Bestimmtheit wie die Eigenschaften der Dinge haben, die die Physik durch Messen in Erfahrung bringt. *Es ist* also *richtig, daß es Eigenschaften gibt, die in den Schranken des positiven Wissens nicht auftreten* können, und folglich ist es zutreffend, die in den positiven Schranken erfaßbaren Eigenschaften als solche zu bezeichnen, die durch ihre Meßbarkeit von vorneherein ausgezeichnet sind, und weiter, daß es nötig ist, diese Schranken abzustreifen, um der geistigen Dinge ansichtig zu werden. Daraus folgt allerdings nicht, daß das im hermeneutischen Verstehen Aufgehende als Anwesenheit von Wesen gedacht werden muß. Aber wie der positive und der erlebte Weltanblick in einer Welt gedacht werden könnte, — das ist eine Frage.

Für die Deutung des Geistigen auf das Wesen hin ließe sich (so wie die Dinge nun einmal liegen) kaum eine bessere Stützung finden, als die neopositivistische Ansetzung des Positiven als einen Bezirk, in dem sich im Prinzip alles durch Wissen ermitteln läßt und in den alles, was durch Wissen erreichbar ist, hineingehört. Denn nun bleibt für den intuitiv Ergriffenen ja wohl kaum eine andere Möglichkeit, als sich zu sagen, daß er nach allem, was man vom Wissen weiß, die Welt des Wissens und die Schranken des Wissens hinter sich gelassen hat.

Im 19. Jahrhundert war der Positivismus eine erkenntnistheoretische Schule, die sich mit KANTS Theorie der Erfahrungswissenschaften auseinandersetzte und die Lehre von den Bedingungen a priori der Erfahrung und den synthetischen Urteilen a priori über Erfahrungsdinge mit Erfolg kritisiert hat[1]. Es zeichnete sich eine *Einsicht von Tragweite* ab: daß die *Naturerkenntnis nicht in a priori übersehbare Grenzen gesetzt* werden kann, sondern nur vom Ursprung des Denkens und Erfahrens her zu denken und zu verstehen ist. Der *Neopositivismus* aber wollte endlich die philosophische Beunruhigung endgültig los werden und machte sich in einem Bezirk vollendeten exakten Wissens autark. Die Schranken, in denen er sich beschützt, sind nun in der Tat dank ihrer Setzung Schranken a priori, und so erreichte er sein Ziel nur, indem er gleichzeitig auch den Wunschtraum seiner Gegner erfüllte, die der klassische Positivismus gerade widerlegt hatte.

Es ist recht mißlich, einem Kampf zuzusehen, der von dem Positivisten auf Grund der Fiktion geführt werden muß, daß der Existenzphilosoph, der ihm zusetzt, gar nicht existiert. Der Vorschlag des kritischen Denkens zur Fortführung der Diskussion wäre danach der folgende: versuchsweise diese Fiktion fallen zu lassen. Wir hätten dann gleich einen gemeinsamen, wenn auch nicht ganz prägnanten Gegenstand vor uns: das hermeneutische Verstehen, das Verstehen der Verwirrung von unabgeklärten Streitgesprächen zum Beispiel. Aber dann würden wir wohl auch übereinkommen können, daß es Verstehen von Denken und vielleicht sogar von strengem Denken gibt, und wir gelangten so zu einem gemeinsamen *exakten* Gegenstand, über den sich sachgerecht diskutieren ließe.

Ich komme zum Abschluß, indem ich einige Thesen formuliere, die in einer solchen Diskussion zu besprechen wären. Ich behaupte, daß auch das strenge Denken, sagen wir über kombinatorische Sachverhalte oder Zeichengruppierungen, ein ursprüngliches Denken ist und daß ein Sprung, durch den sich das Denken vor dieser ursprünglichen Fähigkeit retten könnte, deswegen nicht geleistet werden kann. Ich behaupte, daß ein solches strenges Denken sich aus eigenen Kräften im Denken überhaupt behaupten kann und durch die Anwesenheit nichtkombinatorisch unterteilter Eindrücke nicht gestört wird und daß es seine Geltung und Anwendung aus eigenem Urteil nur auf solche Sachverhalte bezieht, die sich als solche für strenges Denken anbieten, und daß deswegen die

[1] Vgl. hierzu unsere Kritik von KANTS transzendentaler Ästhetik, S. 51, 52.

Entdeckung solcher Sachverhalte in der Natur die eigentliche Leistung der exakten Erfahrung ist und daß das so Entdeckte nicht minder ursprünglich als das sich hermeneutisch Erschließende ist. Und ich *behaupte* schließlich, *daß das für Verstehen offene, kritische analysierende Denken* und *das strenge mathematische Denken eine unlösbare Einheit bilden* und daß die sich in der mathematischen Grundlagenforschung vollziehende Klärung der Möglichkeiten des exakten Denkens erst dann wirklich gewürdigt werden kann, wenn sie als Klärung des kritisch vernünftigen Denkens überhaupt verstanden wird.

In der Tat, was durch die Entdeckung der logischen Paradoxien erschüttert wurde, war nicht die Mathematik, sondern der Glaube an die Konsistenz a priori des logischen Denkens, der DEDEKIND und FREGE beseelte, als sie sich um die Begründung der Mathematik aus der Logik bemühten. Und daß wir nun von einem kritischen Denken sprechen können, das auch für die Eigenschaften, deren logische Struktur nicht von vorneherein festliegt, offen ist, verdanken wir der Einsicht, daß wir nicht a priori in einem logisch eingerichteten Kasten sitzen und nur durch logisch a priori zugeschnittene Fenster auf die Dinge sehen, sondern *daß wir das logisch Konsistente erst herstellen* müssen und dann sogar, so absurd das im Ohr der klassisch verstandenen Vernunft klingt, auf Widerspruchsfreiheit mit kombinatorischen Methoden prüfen können.

Es sind Thesen, die der Verträglichkeit von Natur- und Geisteswissenschaften dienen sollen. In der Hoffnung, daß sie zur Förderung dieses Zwecks nicht ganz fruchtlos sind, bestärkt mich ein Blick in die *Philosophischen Untersuchungen* von LUDWIG WITTGENSTEIN[1], die posthum mit englischer Übersetzung — unter dem Motto „Überhaupt hat der Fortschritt das an sich, daß er viel größer ausschaut, als er wirklich ist" von NESTROY — erschienen sind. Auch diese Untersuchungen führen in den Ursprung des Denkens zurück. Das darin angebahnte Verstehen von Denken schmilzt bei größter Prägnanz die zu abstrakten, syntaktisch logistischen Formen auf und analysiert den Sinn der Sprache in einer unverkennbaren Annäherung an das hermeneutische Verstehen. Es gibt im Widerspruch zu dem, was Logiker und auch der Verfasser der *Logisch-Philosophischen Abhandlung*[2] über den Bau der Sprache gesagt haben, so heißt es nun, unzählige verschiedene Arten der Verwendung alles dessen, was wir Zeichen, Worte, Sätze nennen, und diese Mannig-

[1] Oxford 1953.

[2] Gemeint ist der Tractatus logico-philosophicus. So heißt die Abhandlung von WITTGENSTEIN, in der er den Standort des Neopositivismus begründete.

faltigkeit ist nichts Festes, ein für alle Mal Gegebenes. Es gibt Berichte, Vermutungen, Theaterstücke, die man spielt, Lieder für Reigentänze und Witze. FREGE, so heißt es an einer anderen Stelle, vergleicht den Begriff einem Bezirk und sagt: einen unklar begrenzten Bezirk könne man überhaupt keinen Bezirk nennen. Aber ist es sinnlos zu sagen: Halte dich ungefähr hier auf? Ist eine unscharfe Photographie kein Bild? Ja, kann man ein unscharfes Bild immer mit Vorteil durch ein scharfes ersetzen? Ebenso kommt es bei Worten auf die Verwendung an und das *Sprachspiel* läßt sich auf vielerlei Weise treiben und verwenden. In dieser freizügigen Atmosphäre lassen sich sogar klassische Philosophen so zitieren, als ob sie vernünftige Menschen wären: über das, was die individuals von RUSSELL und die Gegenstände des *Tractatus logico-philosophicus*[1] sind, dürfen wir uns z. B. durch eine Äußerung des SOKRATES im Dialog Theätet nach der Übersetzung von PREISENDANZ aufklären lassen.

Zu einer Ergänzung unserer soeben formulierten Thesen gibt mir WITTGENSTEINS Meinung Gelegenheit, daß sich ein ungefähres Bild der Mannigfaltigkeit des Sprachgebrauchs an den Wandlungen der Mathematik gewinnen ließe. WITTGENSTEIN meint mit anderen Worten, *daß sich das mathematische Denken nicht erschöpfend als Zusammensetzung aus den zum Zweck der Logifizierung und Formalisierung konstruierten Bestandteilen beschreiben läßt*, daß Mosaikbilder (um im Bilde zu sprechen) nicht nur Mosaike, sondern auch Bilder sind und daß es Bilder gibt, die nicht Mosaike sind, und daß unter Umständen die Transponierung eines Bildes in ein Mosaikbild den Sinn des Bildes nicht vertieft. Das ist wichtig im Zusammenhang unserer Thesen, einerseits weil es verdeutlicht, inwiefern die sogenannte Grundlagenkrise der Mathematik in Wirklichkeit nicht eine Krise des mathematischen Denkens, sondern der Logifizierung der Mathematik war, andererseits weil es eine von den Zwecken der Logifizierung gelöste Betrachtung des mathematischen Denkens ermöglicht und erlaubt, nach dem Ausschau zu halten, was man in nicht ganz unbedenklicher Weise „schöpferische Leistung" nennt und was doch zu beachten ist, wenn die Mannigfaltigkeit des analysierenden Denkens aufgehellt werden soll.

So haben wir denn unter den Positivisten einen Gesprächspartner gefunden, mit dem sich „vernünftig" reden läßt, und wenn wir uns der Unterhaltung mit diesem Autor, der ganz in unserem Sinne von der philosophischen Krankheit spricht und eine Hauptursache derselben in einseitiger Diät sieht, nämlich darin, daß man sein Denken nur mit einer

[1] Vgl. S. 149, zweite Anm.

Art von Beispielen nährt, noch einmal nach der anderen Seite hinwenden, so stellen wir mit Genugtuung fest, daß wir das existenzielle Abenteuer nun Schulter an Schulter mit diesem weitherzigen Sprachanalytiker wenigstens antreten können.

Denn unverkennbar hebt ja mit der Anwesenheit des Anwesenden und dem Ding das dingt, was es auch sonst sei, ein eigenartiges, eigenwilliges, dringlich vorgestelltes *Sprachspiel* an.

* * *

Soweit der Vortrag. Überblicken wir zum Abschluß den Weg, den wir in diesem Buch zurückgelegt haben: Der in der Einleitung geäußerten Absicht entsprechend haben wir uns bemüht, mathematisches Denken und Gedanken über dies Denken und über die Mathematik gleichzeitig zu wechselweiser Erhellung darzustellen. Konnten wir uns dabei von Anfang an an die Mathematik als Führerin halten, so werden wir nun nachträglich instandgesetzt, unser Vorgehen auch, insofern es Gedanken über die Mathematik betrifft, durch Einordnung in eine allgemeine methodische Besinnung zu rechtfertigen. Wir haben einen Standort kennengelernt, der sich vernünftig behaupten und kritisch verteidigen läßt und von dem aus sich die Besinnung auf das Denken überhaupt ansetzen und ordnen läßt. Und wenn wir uns zunächst auf eigene Verantwortung mit Gedanken, die nicht in der Reichweite der formalen Strenge liegen und doch vernünftig sind, beschäftigten wie mit der Konzeption des Raumes und dem Paradox der Anschauung, so werden wir nun gegen allfällige generelle Vorhaltungen, solchen Betrachtungen fehle es an Pünktlichkeit und Pünktlichkeit sei ein unerläßliches Gebot, gewappnet und können übereifrigen Pedanten der Strenge in Ruhe mit allgemeinen Gründen entgegentreten.